Mosaik

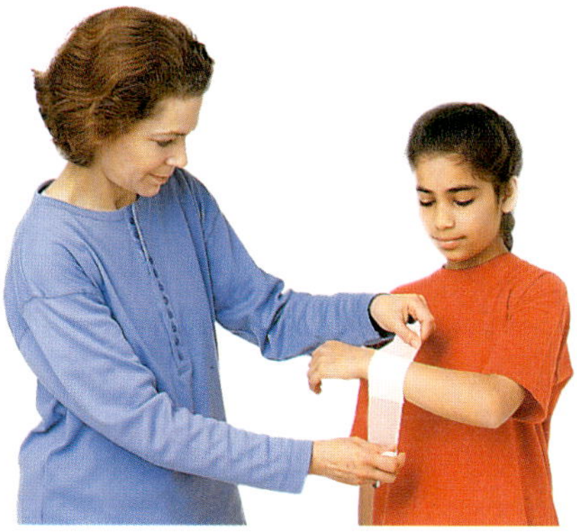

Dr. med. Martin Hörning (Hrsg.)

# Schnelle ERSTE HILFE FÜR KINDER

## Praktischer Rat auf einen Blick

Was können Eltern tun bei Wunden und
Blutungen, Verbrennungen, Vergiftungen,
akuten Schmerzen, Knochenbrüchen,
Bißwunden und Stichen, Erbrechen, Schock,
Atem- und Bewußtseinsstörungen
und vielen anderen Notfällen

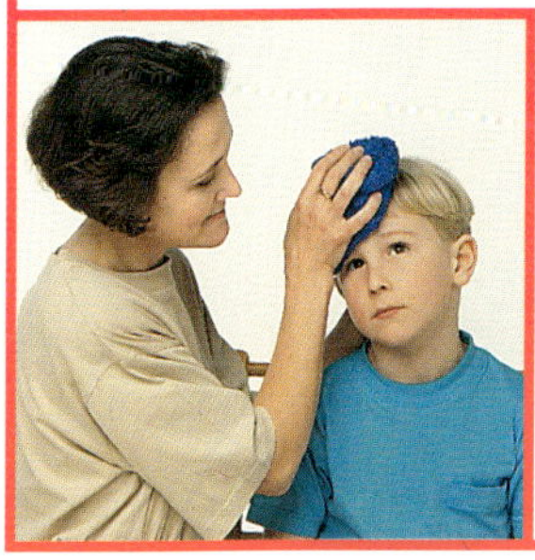

Mosaik Verlag

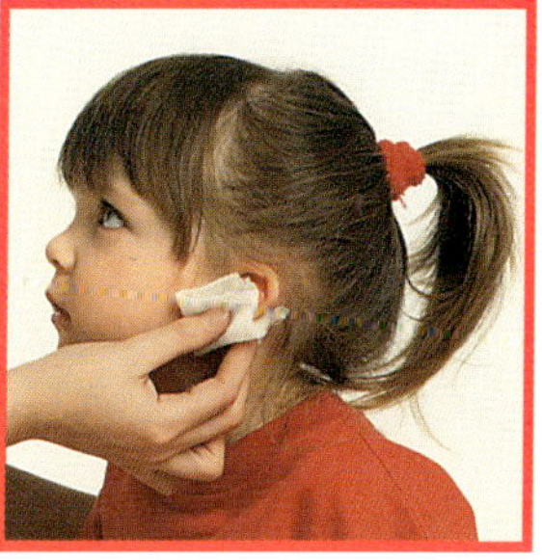

Ein Dorling Kindersley Buch

Entstanden in Zusammenarbeit mit dem British Red Cross

Titel der Originalausgabe: First Aid For Children Fast
Fotos: Andy Crawford, Steve Gorton

Der Mosaik Verlag ist ein Unternehmen
der Verlagsgruppe Bertelsmann


Übersetzung: Petra Sporbeck-Hörning
Fachberatung: Dr. Thomas Justen
Fachredaktion: Dr. med. Martin Hörning
Redaktion: Sigrid Bleuel, Irmgard Perkounigg
Einbandgestaltung: Martina Eisele
Einbandfoto: Rüffler Fotografie
Satz: Filmsatz Schröter GmbH, München
Reproduktion: Italy by GRB Editrice, Verona
Druck und Bindung: Sebald Sachsendruck, Plauen
Printed in Germany · ISBN 3-576-10474-7

# VORWORT

Eltern liegt kaum etwas mehr am Herzen als die Sicherheit und Gesundheit ihrer Kinder. Das vorliegende Buch *Schnelle Erste Hilfe für Kinder* kann und will die praktisch angewandte Erste-Hilfe-Schulung, wie sie all jenen empfohlen wird, die täglich mit Kindern zu tun haben, nicht ersetzen. Es versteht sich vielmehr als übersichtliches und vor allem praxisnahes Handbuch, das manchen Unfall, so hoffe ich, einen glücklicheren Ausgang nehmen läßt.

Diana.

Ihre Königliche Hoheit Prinzessin von Wales

Vizepräsidentin des British Red Cross
Schirmherrin des Red Cross Youth

# INHALT

# EINLEITUNG

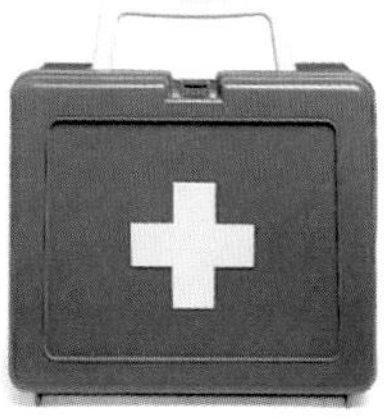

Dieses Buch wurde in erster Linie für Eltern geschrieben, aber auch für all jene – Großeltern, Lehrer, Kindergärtnerinnen, Babysitter, Spielgruppenleiterinnen –, die regelmäßig oder auch nur gelegentlich Säuglinge und Kinder betreuen. Der inhaltliche Aufbau ist übersichtlich und logisch, die Informationen werden größtenteils mit Hilfe von Bildern sowie mit einfachen erklärenden Worten und Bildunterschriften dargestellt und sind so leicht verständlich und nachvollziehbar. Die hier beschriebenen Erste-Hilfe-Techniken entsprechen dem aktuellen Stand der Notfallmedizin.

Notfälle sind von Natur aus unvorhersehbare Ereignisse und erfordern schnelle und richtige Entscheidungen. Wenn Sie sich an die in diesem Buch gegebenen Ratschläge und Richtlinien halten, werden Sie mit Sicherheit im Notfall in der Lage sein, schnell und effektiv zu helfen. Es muß Ihnen aber auch klar sein, daß Erste Hilfe vor allem eine praktische Fertigkeit ist: Wirkliche Sicherheit und echtes Können erlangen Sie nur durch entsprechende fachliche Schulung. Verschiedene Organisationen wie zum Beispiel das Deutsche Rote Kreuz, die Johanniter-Unfallhilfe oder verschiedene Krankenkassen bieten immer wieder Erste-Hilfe-Kurse, speziell auch Erste Hilfe bei Kindern, an.

Erste Hilfe leisten – im Notfall das Richtige rechtzeitig tun – kann ganz einfach sein, kann aber auch stressig, manchmal unangenehm (vor allem, wenn das Kind nicht Ihr eigenes ist) und sogar gefährlich sein. Wichtig ist, daß Sie die Nerven behalten und nicht überstürzt und kopflos handeln, was dem verletzten Kind oder Ihnen selbst nur noch mehr schaden könnte. Sie können unmöglich effektiv Hilfe leisten, wenn Sie selbst zum Opfer werden. Deshalb gilt: Erst denken, dann handeln. Dieses Buch soll Ihnen helfen, das Richtige zur rechten Zeit zu tun – und das sicher und effektiv.

SIR CAMERON MOFFAT
Medizinische Fachberatung: British Red Cross

# Zum Gebrauch dieses Buches

Dieses Buch behandelt Erste-Hilfe-Techniken für so ziemlich alles – angefangen bei harmlosen Schnitt- und Schürfwunden bis hin zur Wiederbelebung. Jede Notfallsituation zeigt in Fotos, wie genau Sie vorzugehen haben. Die wichtigsten Schritte werden einmal in Kurzform erklärt, dann etwas ausführlicher im Begleittext.

Die Verletzungen sind nach Kategorien wie Wunden und Blutungen oder Bisse und Stiche unterteilt. Im echten Notfall jedoch verweist Sie das Daumenregister auf dem Buchrücken direkt zu der entsprechenden Seite.
Daneben gibt es noch themenübergreifende Abschnitte wie »Was tun im Notfall« und »Verbände und Wundauflagen«.

Schlüsselzeichen und -symbole erleichtern die richtige Diagnose

Eindeutige Fotos illustrieren jeden Behandlungsschritt

Anmerkungen heben wichtige Schritte hervor

Das Daumenregister auf dem Buchrücken ermöglicht den direkten Zugriff zu den wichtigsten Erste-Hilfe-Notfällen

Symbole geben an, welche medizinische Betreuung notwendig ist

Querverweise leiten Sie zu anderen Seiten, die im Einzelfall weitere, wichtige Informationen enthalten

**Was die Symbole bedeuten**

Folgende Symbole und Anweisungen erscheinen, wenn Ihr Kind weiterer ärztlicher Versorgung bedarf:

✆ ARZT ANRUFEN
(Holen Sie sich telefonisch weiteren Rat)

✚ KIND INS KRANKENHAUS FAHREN
(Es muß zur Notfallaufnahme)

☎ NOTARZT RUFEN
(Ihr Kind bedarf der ärztlichen Notfallversorgung und muß mit dem Krankenwagen ins Krankenhaus gefahren werden)

# WAS TUN IM NOTFALL

**Im Notfall, vor allem wenn Kinder beteiligt sind, ist es wichtig, Ruhe zu bewahren und logisch vorzugehen. Wichtig sind die folgenden vier Schritte:**

## 1 Verschaffen Sie sich einen Überblick

- Was ist passiert?
- Wie ist es passiert?
- Ist mehr als ein Kind verletzt?
- Besteht weiterhin Gefahr?
- Kann jemand helfen?
- Muß der Notarzt gerufen werden?

## 2 Sicherheit ist Trumpf

- Setzen Sie sich selbst keiner Gefahr aus – Sie können nicht helfen, wenn Sie selbst zum Opfer werden
- Schalten Sie die direkte Gefahrenquelle aus
- Bewegen Sie das Kind nur, wenn nötig, und dann äußerst vorsichtig

## 3 Zuerst schwere Verletzungen behandeln



Bei Kindern gibt es zwei unmittelbar lebensbedrohliche Zustände:

- *Starke Blutungen* – diese sind normalerweise leicht zu erkennen und unter Kontrolle zu bringen (s. BLUTUNGEN, S.46)
- *Atemstillstand* (s. ABC DER WIEDERBELEBUNG, S.14)

Ist mehr als ein Kind verletzt, gehen Sie zuerst zu dem still daliegenden – es ist möglicherweise bewußtlos

## 4 Hilfe holen

Rufen Sie sofort laut um Hilfe – und bitten Sie Dritte dann: • die Unfallstelle abzusichern • Arzt oder Krankenwagen zu rufen • bei den Erste-Hilfe-Maßnahmen zu helfen • das Kind nötigenfalls in Sicherheit zu bringen

## Der Notruf

Wählen Sie die 110, und machen Sie folgende Angaben:

- Ihre Telefonnummer
- Unfallort
- Art des Unfalls
- Zahl, Geschlecht und Alter der Opfer
- Genaue Angaben über den Zustand
- Genaue Angaben über spezielle Gefahrenherde wie Gas, beschädigte Hochspannungsleitung oder Nebel

# FEUER

**Wichtig ist ein Fluchtplan**

Entscheiden Sie, bevor es überhaupt zum Notfall kommt:

- *Wie würden Sie sich aus den einzelnen Räumen retten?*
- *Wie würden Sie Babys und Kleinkindern helfen?*
- *Wo würden Sie sich danach alle treffen?*

**FRITEUSE IN FLAMMEN** • *Nehmen Sie die Friteuse vom Herd, oder ziehen Sie den Stecker raus.* • *Legen Sie einen Deckel oder ein nasses Geschirrtuch auf die Friteuse.* • *KEIN Wasser auf die Flammen gießen.* • *Bleibt das Feuer außer Kontrolle, die Tür schließen, die Feuerwehr rufen und alle aus dem Haus bringen.*

## Flucht vor Feuer

1 Kontrollieren Sie die Tür. Ist sie kalt, verlassen Sie den Raum. Ist sie heiß, siehe unter 2.

**MERKE:** • ***Tragen Sie Babys und Kleinkinder raus*** • ***Kinder über 6 Jahre sollen nur sich selbst in Sicherheit bringen und mit keiner anderen Aufgabe betraut werden.*** • ***Schließen Sie alle Türen hinter sich.*** • ***Treffen Sie sich außerhalb des Gebäudes.*** • ***Kehren Sie NIEMALS wieder um.*** • ***Rufen Sie den Notruf von Dritten aus an.***

2 Ist die Tür heiß: Nicht öffnen. Gehen Sie zum Fenster.

**MÜSSEN** *und können Sie sich durchs Fenster retten, halten Sie Ihr Kind an den Händen aus dem Fenster, fordern Sie es auf, sich fallen zu lassen. Hängen Sie sich dann an die Fensterbank, und lassen Sie sich selbst fallen. Müssen Sie zuerst das Glas zerschlagen, legen Sie vor dem Hinausklettern eine Decke o. ä. über den Rahmen.*

## Kleidung in Flammen

**Kein Wasser verfügbar**

Wickeln Sie das Kind eng in einen Mantel, in eine Decke (kein Nylon) oder ähnliches, und legen Sie es auf den Boden, um die Flammen zu ersticken.

**Wasser verfügbar**

Legen Sie das Kind mit der brennenden Seite nach oben, und schütten Sie Wasser oder eine andere nicht entflammbare Flüssigkeit darauf.

*Lassen Sie das Kind* **NICHT HERUMRENNEN**; *schnelle Bewegungen fachen das Feuer noch mehr an.*
**ROLLEN** *Sie das Kind* **NICHT** *über den Boden, da sich das Feuer sonst ausbreiten kann.*

**FÄNGT** *Ihre eigene Kleidung Feuer, wickeln Sie sich in einen schweren Stoff, und legen Sie sich dann hin.*

# STROMVERLETZUNGEN

Fließt elektrischer Strom durch den kindlichen Körper, kann dies zum Atem- oder sogar zum Herzstillstand führen. Der Strom kann sowohl am Eintritts- als auch am Austrittsort des Körpers Verbrennungen verursachen. Wechselstrom verursacht Muskelspasmen, durch die das Kind das Stromkabel nicht mehr loslassen kann.

**KONTAKT** *mit Starkstrom, wie er in Überland- und Freileitungskabeln fließt, endet für ein Kind normalerweise tödlich. In jedem Fall kommt es zu schweren Verbrennungen, das Kind kann einige Meter von der Kontaktstelle weggeschleudert werden. Nähern Sie sich dem verletzten Kind* **NUR DANN**, *wenn Ihnen von offizieller Seite mitgeteilt wurde, daß der Strom abgestellt worden ist, da sonst die Gefahr der Überschlagsspannung besteht.*

## 220-V-Strom

Wenn Kinder mit Steckdosen oder Kabeln spielen oder elektrische Geräte mit Wasser in Kontakt bringen, können sie einen Elektroschock erleiden.

**WIRKT** *das Kind unverletzt, lassen Sie es ruhen, und beobachten Sie seinen Zustand.*
✆ ARZT ANRUFEN

1 Unterbrechen Sie den Kontakt, indem Sie die Sicherung abschalten.

2 Nur wenn Sie nicht wissen, wo der Sicherungskasten ist, sollten Sie sich auf trockenes, nichtleitendes Material wie z.B. Telefonbücher stellen. Trennen Sie dann mit einem hölzernen Besenstiel oder einem Holzstuhl die Gliedmaßen des Kindes von der Stromquelle.

**WIRD** *das Kind bewußtlos, kontrollieren Sie die Vitalfunktionen (s.* DAS BEWUSSTLOSE BABY, *S. 16;* DAS BEWUSSTLOSE KIND, *S. 22). Kühlen Sie Verbrennungen mit Wasser (s.* VERBRENNUNGEN DURCH STROM, *S. 62). Bereiten Sie sich aufs Wiederbeleben vor. Atmet es, bringen Sie es in die* STABILE SEITENLAGE *(s. S. 24–25).*

**BERÜHREN SIE NICHT** *die Haut des Kindes mit Ihren Händen. Ziehen Sie, wenn es gar nicht anders geht, nur an seiner Kleidung.*

**AUF** isolierendes Material stellen

**STROMQUELLE** wegschieben

3 Schlagen Sie, ohne dabei das Kind zu berühren, ein trockenes Handtuch um dessen Füße, und ziehen Sie es von der Stromquelle weg.

☎ NOTARZT RUFEN

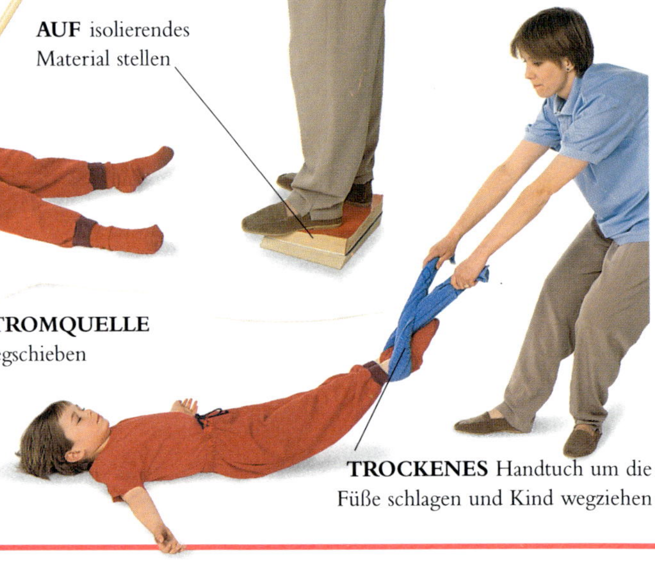

**TROCKENES** Handtuch um die Füße schlagen und Kind wegziehen

# ERTRINKEN

Babys und Kleinkinder können schnell ertrinken, wenn sie in einen Pool oder Teich fallen oder unbeaufsichtigt im Bad gelassen werden. Bereits 2,5 cm tiefes Wasser reicht, um Nase oder Mund eines Babys zu bedecken, wenn es mit dem Gesicht nach unten fällt.

**EIN KIND** *kann im offenen Gewässer, vor allem wenn dies Strömungen hat oder sehr kalt ist, in Not geraten. Versuchen Sie es, vom Strand oder Ufer aus mit der Hand oder mit Hilfe eines Stocks zu erreichen. Sorgen Sie schnell dafür, daß es warm und trocken wird (s. UNTERKÜHLUNG, S. 94).*

1 Heben Sie das Kind aus dem Wasser. Halten Sie beim Tragen seinen Kopf tiefer als die Brust, damit es kein Wasser inhaliert.

2 ✚ KIND ZUM KRANKENHAUS FAHREN – selbst wenn es sich wieder erholt zu haben scheint: Es könnte Wasser inhaliert haben, was zur Lungenschädigung führt.

**KOPF** tiefer als Brust halten

## Das bewußtlose Kind

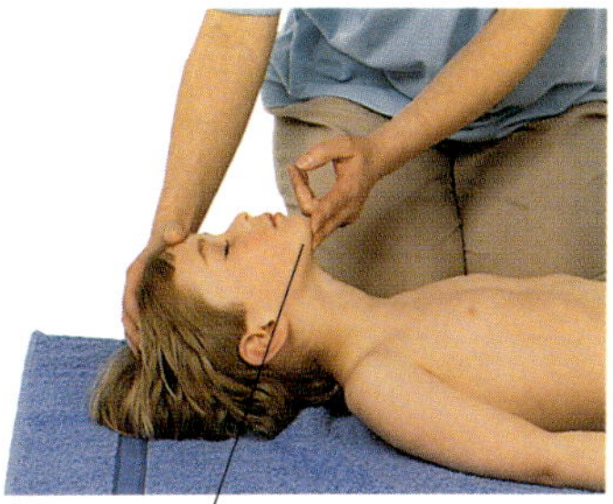

**GGF. ATEMWEGE** öffnen

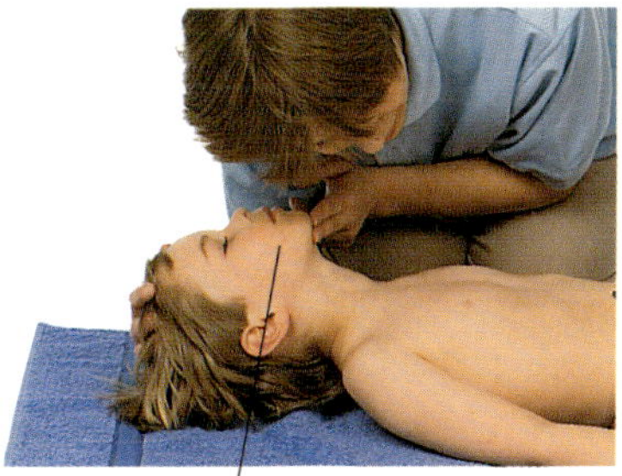

**ATMUNG** kontrollieren

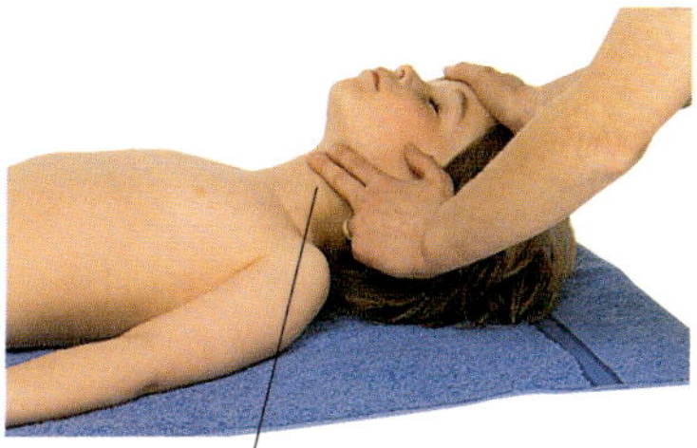

**PULS** kontrollieren

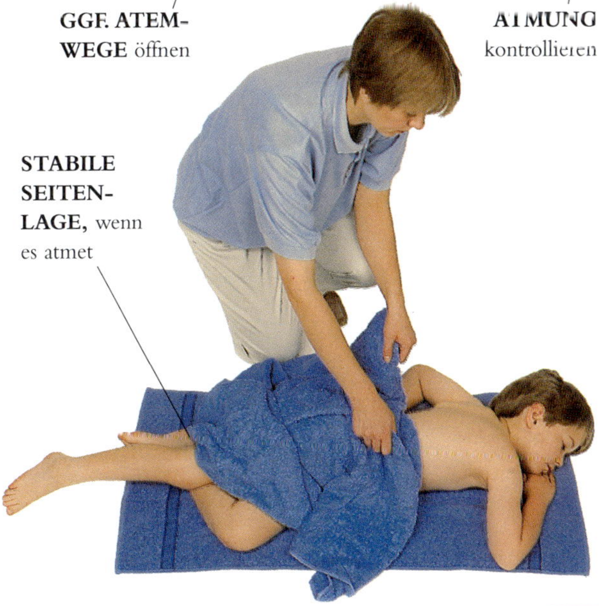

**STABILE SEITENLAGE,** wenn es atmet

Ziehen Sie nasse Kleidungsstücke aus, und decken Sie das Kind mit einem Handtuch oder einer Decke zu. Kontrollieren Sie die Vitalfunktionen (s. DAS BEWUSSTLOSE BABY, S.16; DAS BEWUSSTLOSE KIND, S.22). Bereiten Sie sich aufs Wiederbeleben vor. Atmet das Kind, bringen Sie es in die STABILE SEITENLAGE (s. S. 24–25).

☎ NOTARZT RUFEN

**WASSER** *in den Lungen und die Auswirkungen der Kälteeinwirkung können die künstliche Beatmung erschweren, so daß Sie stärker und langsamer beatmen müssen, damit sich der Brustkorb hebt.*

# ABC DER WIEDERBELEBUNG

Setzt die Atmung aus, wird man bewußtlos, weil das Gehirn keinen Sauerstoff mehr erhält. Sauerstoffmangel läßt darüber hinaus das Herz immer langsamer schlagen, bis es schließlich ganz aussetzt. Ist Ihr Kind bewußtlos, und atmet es nicht mehr, müssen Sie seine Atemwege freimachen und die Lungen beatmen (künstliche Beatmung). Schlägt auch das Herz nicht mehr oder, beim Säugling, nur sehr langsam, müssen Sie über eine Herzmassage Blut zum Gehirn befördern. Diese Kombination aus künstlicher Beatmung und Herzmassage bezeichnet man als kardiopulmonale Reanimation (KPR).

**SCHRITTWEISE** *Anleitungen für die* WIEDERBELEBUNG BEIM BABY, *s. S. 16,*
**SCHRITTWEISE** *Anleitungen für die* WIEDERBELEBUNG BEIM KIND, *s. S. 22*

**VITALFUNKTIONEN** (s. S. 15) des Säuglings kontrollieren und entsprechend reagieren

**VITALFUNKTIONEN** (s. S. 15, unten) des Kindes kontrollieren und entsprechend reagieren

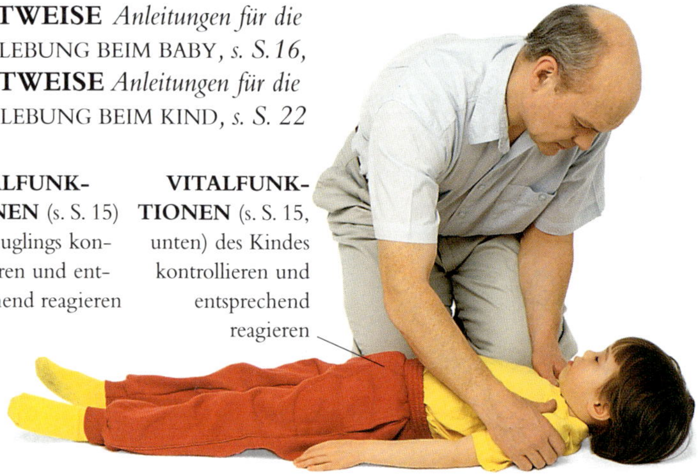

## A für Atemwege

Zuerst müssen Sie die Atmung kontrollieren und dann nachsehen, ob die Atemwege frei sind. Entfernen Sie etwaige Fremdkörper im Mund. Dann erst beugen Sie den Kopf nackenwärts, damit die Zunge nicht in den Rachengrund fällt.

**Beim Baby** (bis Ende 1. Lebensjahr)

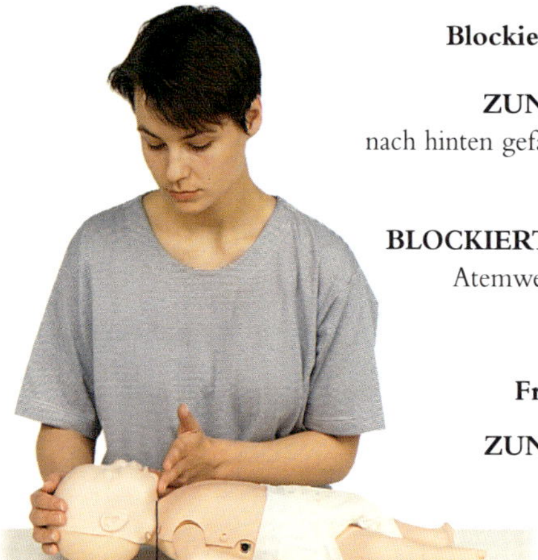

**KOPF** ganz leicht zurückbeugen

**Blockierte Atemwege, Kopf nicht zurückgebeugt**

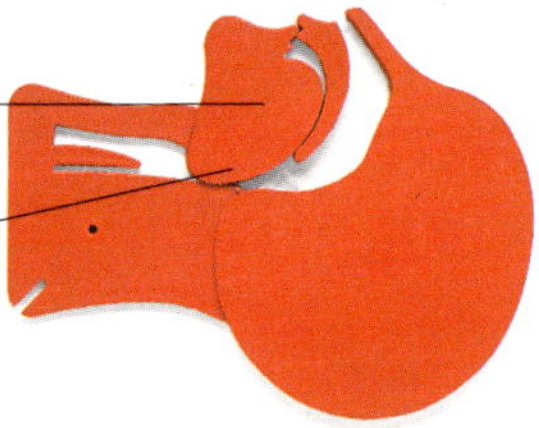

**ZUNGE** nach hinten gefallen

**BLOCKIERTE** Atemwege

**Freie Atemwege, Kopf zurückgebeugt**

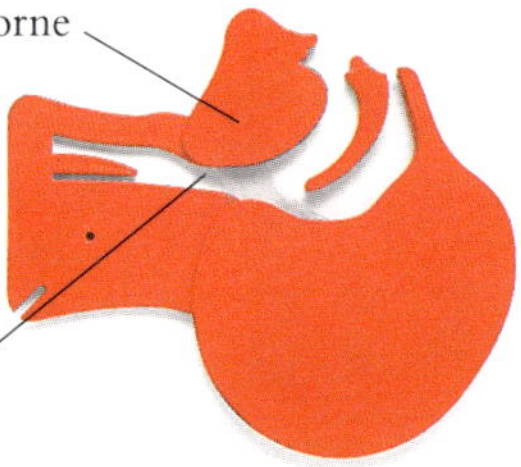

**ZUNGE** vorne

**FREIE** Atemwege

**Beim Kind**

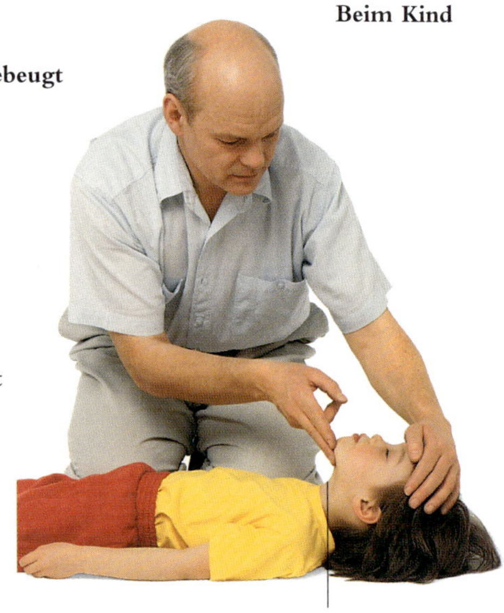

**KOPF** etwas zurückbeugen, noch mal Atmung kontrollieren

# B für Beatmen

Atmet Ihr Kind auch nach Öffnung der Atemwege nicht, können Sie Ihre Ausatemluft in seine Lungen blasen, um sein Blut mit Sauerstoff anzureichern.

**Beim Baby**

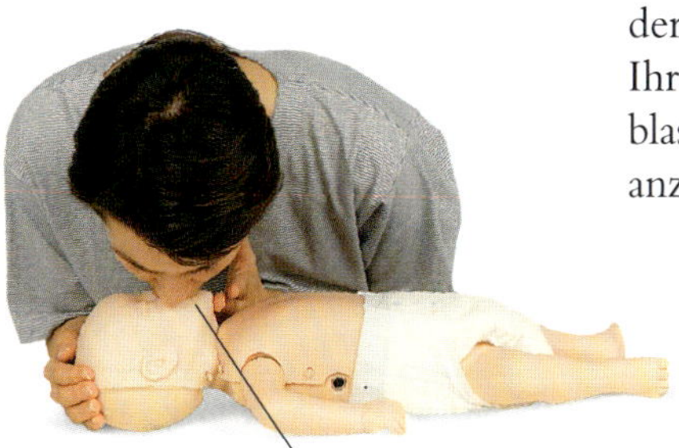

**MUND** und **NASE** beatmen

**Beim Kind**

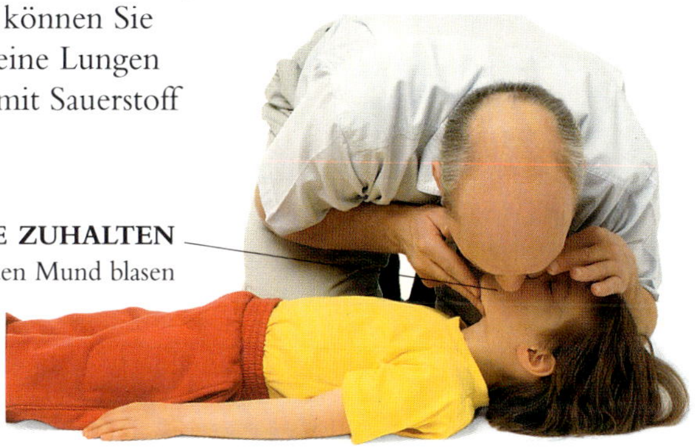

**NASE ZUHALTEN** und in den Mund blasen

# K für Kreislauffunktion

Schlägt das Herz des Kindes nicht mehr, und ist auch kein Puls fühlbar, wird durch eine Herzmassage das Blut durch den gesamten Körper befördert. Diese Technik wird stets mit der künstlichen Beatmung kombiniert und in dieser Kombination als kardiopulmonale Reanimation bezeichnet.

Unser Tip: Üben Sie das Pulsmessen bei Ihrem gesunden Kind!

**Beim Baby**

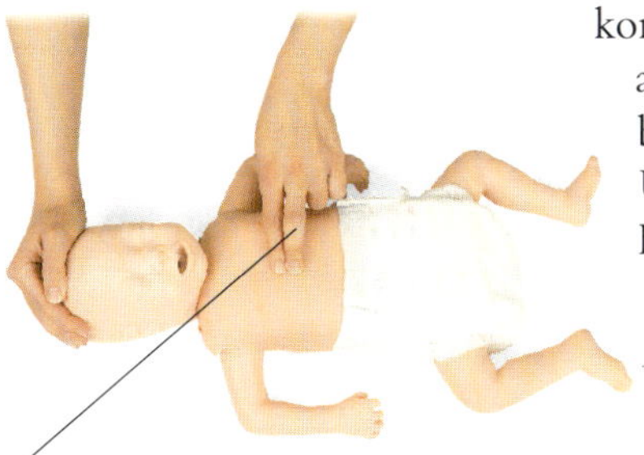

**HERZMASSAGE** mit zwei Fingern geben

**Beim Kind**

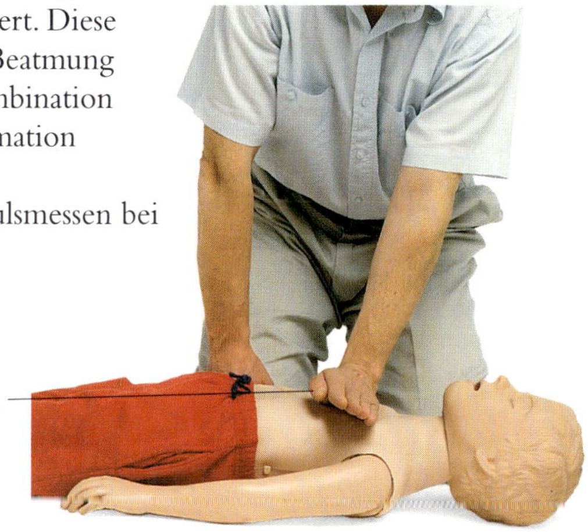

**HERZMASSAGE** mit einer Hand geben

## Die Situation einschätzen – Vitalfunktionen

**Beim Baby müssen Sie drei Dinge kontrollieren:**

1. Ist es bei Bewußtsein?
2. Atmet es?
3. Ist der Puls spürbar? Ist er sehr langsam?

Bevor Sie loslaufen, um Hilfe zu organisieren, müssen Sie entscheiden, ob noch unmittelbar Gefahr (wie ein Feuer, Rauchentwicklung, Strom oder loses Mauerwerk) für das Kind oder Sie besteht. Rufen Sie um Hilfe, wenn jemand in Hörweite ist. Versuchen Sie immer, die Gefahrenquelle vom Kind fernzuhalten, und bewegen Sie ein verletztes Kind nur, wenn unbedingt nötig.

**Beim Kind müssen Sie drei Dinge kontrollieren:**

1. Ist es bei Bewußtsein?
2. Atmet es?
3. Ist der Puls spürbar?

# DAS BEWUSSTLOSE BABY

**Die Vitalfunktionen des Babys kontrollieren**

## 1 Reagiert das Baby?

- Schütteln Sie das Baby sanft
- Rufen Sie es beim Namen
- Zwicken Sie es

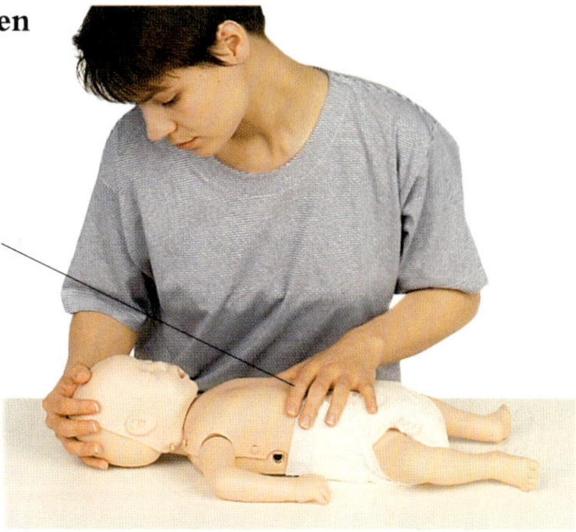


## 2 Um Hilfe rufen

## 3 Die Atmung kontrollieren

- Sind Atemgeräusche da?
- Spüren Sie ausgeatmete Luft auf Ihrer Wange?
- Hebt sich der Brustkorb? Ggf. durch aufgelegte Hand prüfen.
- Entscheiden Sie nach fünf Sekunden, ob ein Atemstillstand vorliegt



**ATMET DAS BABY NICHT:**
*Atemwege freimachen (4) und fünf Atemstöße künstlicher Beatmung geben (s. S. 18)*

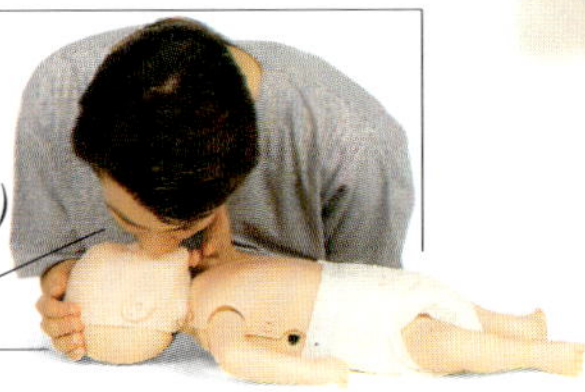


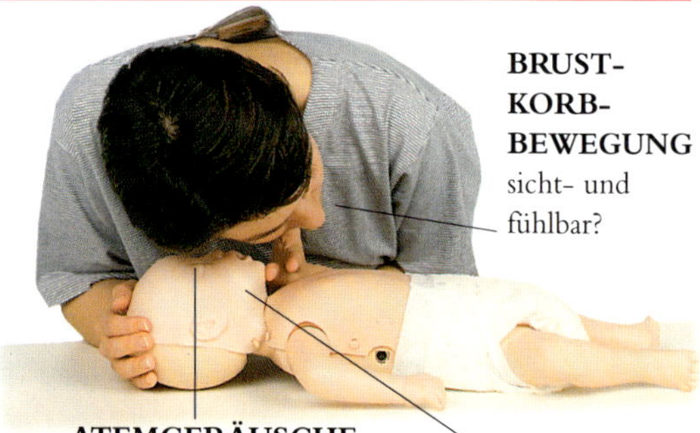


## 4 Atemwege freimachen

- Entfernen Sie Fremdkörper aus dem Mund
- Heben Sie dann das Kinn mit einem Finger
- Beugen Sie den Kopf ganz wenig zurück

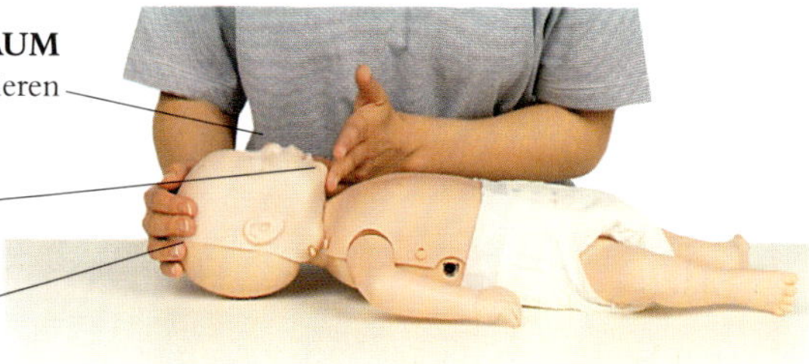


## 5 Den Puls kontrollieren

- Legen Sie den Daumen an die Außenseite des Oberarms in die Mitte zwischen Schulter und Ellbogen
- Fühlen Sie mit zwei Fingern auf der Innenseite des Arms nach dem Puls, indem Sie sanft zum Knochen hin drücken
- Entscheiden Sie nach fünf Sekunden, ob der Puls spürbar ist (beim Baby liegt der Puls normalerweise bei 120 Schlägen/Minute) Legen Sie Ihr Baby in die stabile Seitenlage (s. S. 24–25)

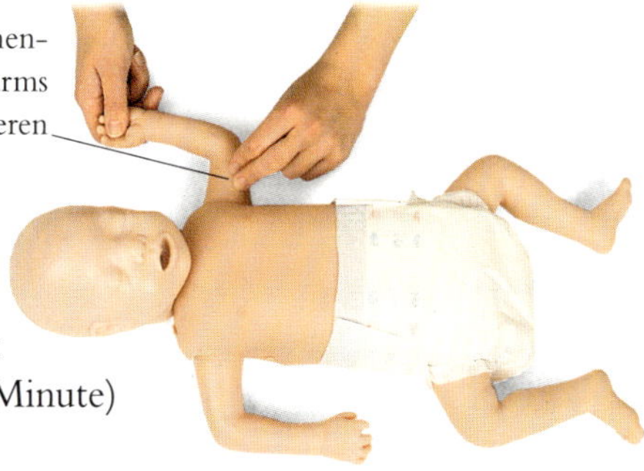

# 6 REAGIEREN SIE ENTSPRECHEND

**Baby bewußtlos, Atmung und Puls vorhanden**

1 Behandeln Sie lebensbedrohliche Verletzungen wie Verbrennungen (S. 60) oder Blutungen (S. 46).

2 ☎ NOTARZT RUFEN Wenn Sie keine Helfer haben, nehmen Sie das Baby mit zum Telefon.

3 Wiegen Sie Ihr Baby mit leicht nackenwärts gebeugtem Kopf in Ihren Armen.

4 Halten Sie das Baby im Arm, bis Hilfe eintrifft. Kontrollieren Sie regelmäßig die Atmung.

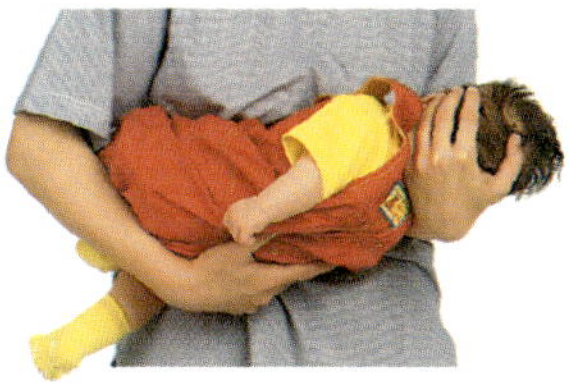

Besser: Bringen Sie Ihr Baby in die stabile Seitenlage (s. S. 24–25)

**Keine Atmung, aber Puls spürbar**

1 ☎ NOTARZT RUFEN Wenn Sie keine Helfer haben, nehmen Sie das Baby mit zum Telefon.

2 Geben Sie eine Minute lang etwa 40 Mund-zu-Mund- und Mund-zu-Nase-Beatmungen. Siehe nächste Seite. Dann Pulskontrolle.

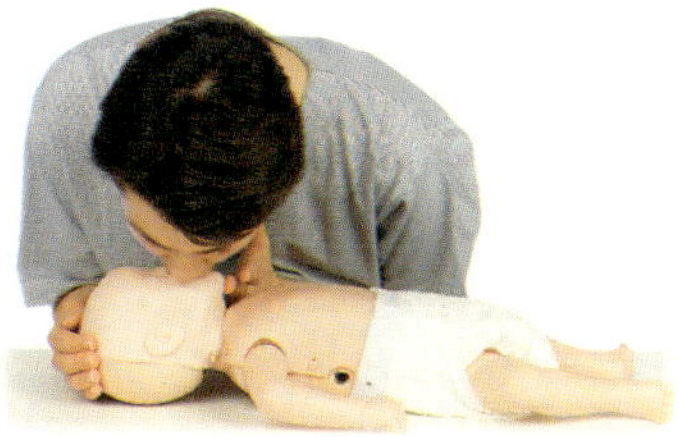

3 Setzen Sie die Mund-zu-Mund und Mund-zu-Nase-Beatmung fort.

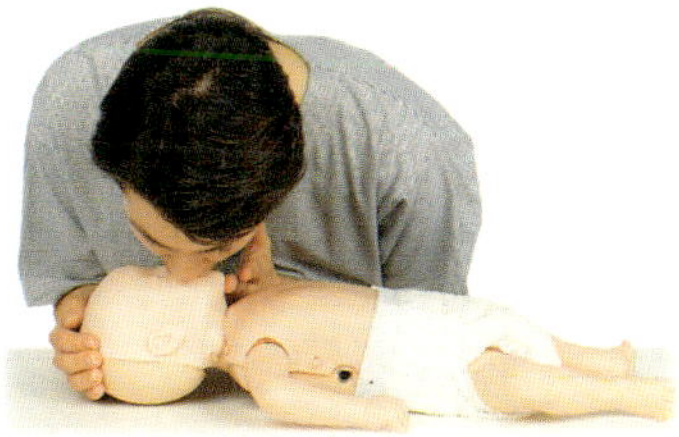

4 Kontrollieren Sie jede Minute den Puls (jeweils nach 40 Beatmungen).

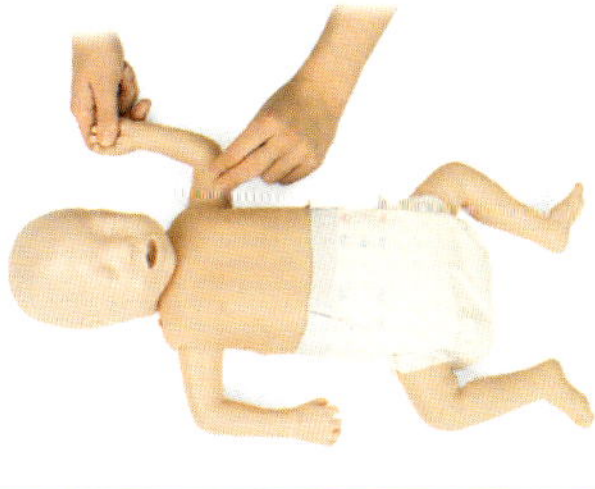

**Keine Atmung, Puls nicht spürbar oder nur sehr langsam (weniger als 60 Schläge/Minute)**

1 ☎ NOTARZT RUFEN Wenn Sie keine Helfer haben, nehmen Sie das Baby mit zum Telefon.

2 Beatmen Sie dreimal, und messen Sie noch mal den Puls. Falls der noch nicht spürbar ist, beginnen Sie mit der kardiopulmonalen Reanimation: Neun Herzmassagen gefolgt von drei Mund-zu-Mund- und -Nase-Beatmung (s. S. 20).

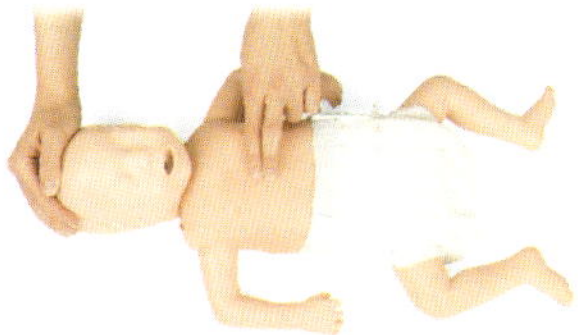

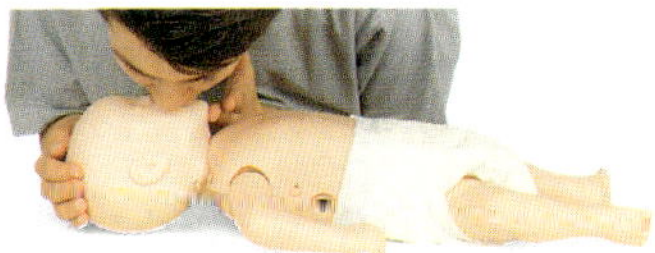

3 Setzen Sie die kardiopulmonale Reanimation fort, bis Hilfe eintrifft.

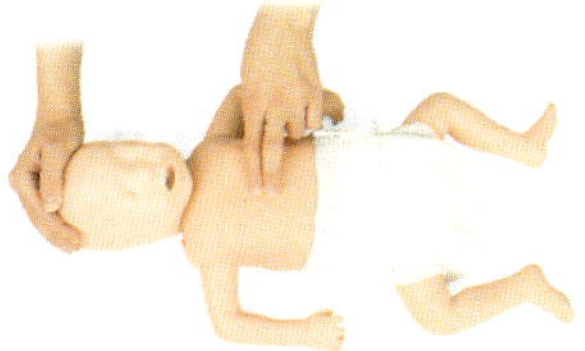

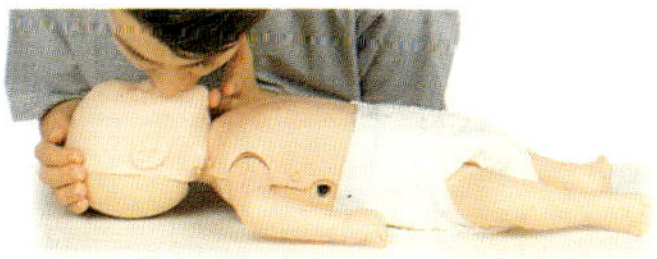

# KÜNSTLICHE BEATMUNG: BABY

**Zur Anwendung beim bewußtlosen Säugling, der nicht atmet, aber einen guten Puls hat (schneller als 60 Schläge/Minute; s. S.16)**

**WIEDERBELEBUNG ZUSAMMENFASSUNG**

↓

BEWUSSTLOSES BABY

↓

KEINE ATMUNG

↓

☎ NOTARZT RUFEN

↓

ATEMWEGE ÖFFNEN

↓

**KÜNSTLICHE BEATMUNG:** FÜNF ATEMSTÖSSE GEBEN

↓

GUTER PULS

↓

**KÜNSTLICHE BEATMUNG:** 1 MINUTE LANG

↓

GUTER PULS

↓

**KÜNSTLICHE BEATMUNG** FORTSETZEN, BIS HILFE EINTRIFFT

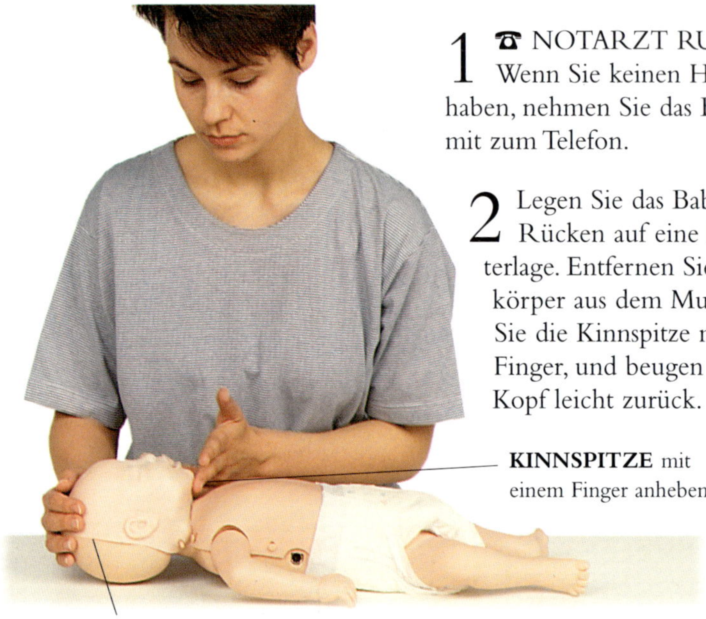

1 ☎ NOTARZT RUFEN Wenn Sie keinen Helfer haben, nehmen Sie das Baby mit zum Telefon.

2 Legen Sie das Baby mit dem Rücken auf eine harte Unterlage. Entfernen Sie Fremdkörper aus dem Mund. Heben Sie die Kinnspitze mit einem Finger, und beugen Sie den Kopf leicht zurück.

**KINNSPITZE** mit einem Finger anheben

**KOPF** ganz leicht zurückbeugen

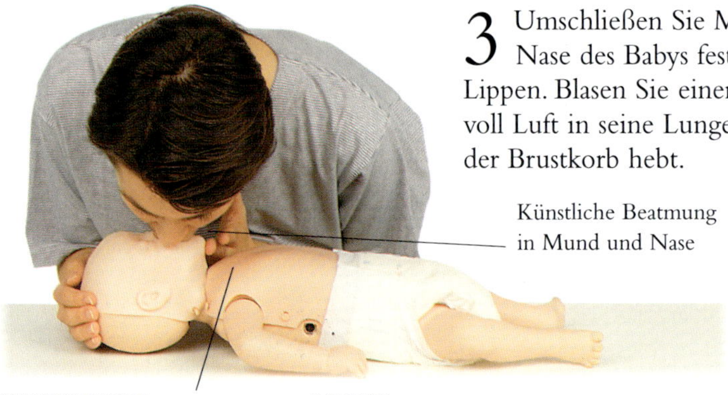

3 Umschließen Sie Mund und Nase des Babys fest mit Ihren Lippen. Blasen Sie einen Mund voll Luft in seine Lungen, bis sich der Brustkorb hebt.

Künstliche Beatmung in Mund und Nase

**BRUSTKORB** zum Heben bringen

**MUND** zurückziehen

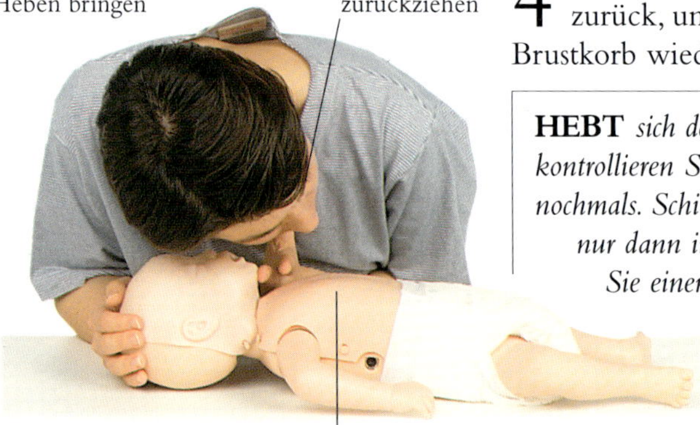

4 Ziehen Sie Ihre Lippen zurück, und lassen Sie den Brustkorb wieder einsinken.

**HEBT** *sich der Brustkorb* **NICHT,** *kontrollieren Sie den Mundraum nochmals. Schieben Sie den Finger nur dann in den Rachen, wenn Sie einen Fremdkörper sehen.*

**BRUSTKORB** einsinken lassen

**5** Beatmen Sie eine weitere Minute. Ziel sind zwei komplette Beatmungen alle drei Sekunden (40 Beatmungen pro Sekunde).

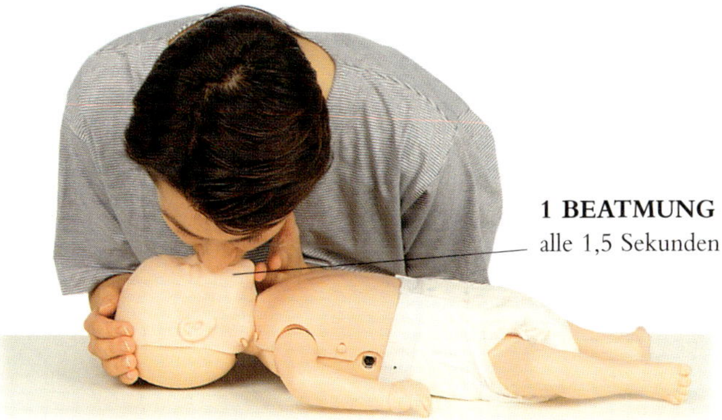


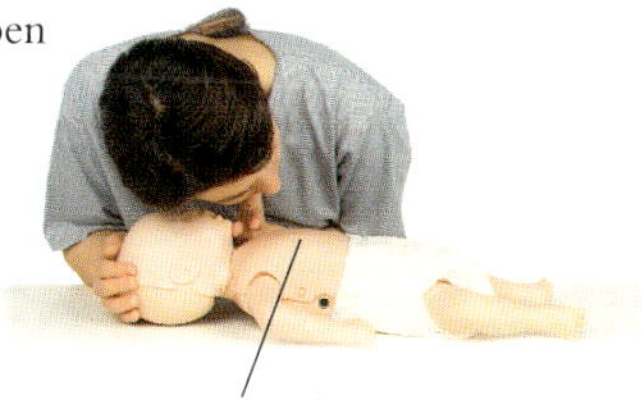


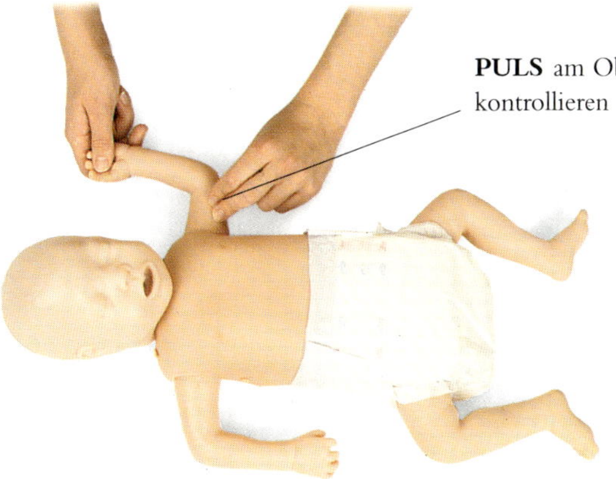


**6** Stoppen und kontrollieren Sie, ob der Puls noch gut ist (s. S. 16). Ist er jetzt sehr langsam oder nicht mehr spürbar, beginnen Sie mit der kardiopulmonalen Reanimation (KPR; s. nächste Seite).

**7** Setzen Sie die künstliche Beatmung fort, bis Hilfe eintrifft. Kontrollieren Sie den Armpuls jede Minute. Wird er sehr langsam, oder ist er nicht mehr spürbar, beginnen Sie mit der KPR (s. nächste Seite).

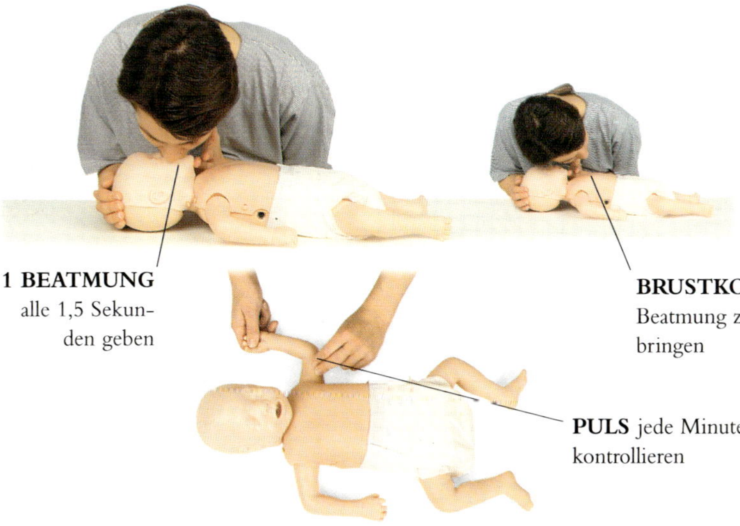

# KPR BEIM BABY

**Die kardiopulmonale Reanimation (KPR) wird beim bewußtlosen Säugling (bis Ende 1. Lebensjahr) angewendet, der nicht atmet und keinen oder einen sehr langsamen Puls von weniger als 60 Schlägen pro Minute hat; s. S. 16)**

**WIEDERBELEBUNG ZUSAMMENFASSUNG**

↓

BEWUSSTLOSES BABY

↓

KEINE ATMUNG

↓

☎ NOTARZT RUFEN

↓

ATEMWEGE ÖFFNEN

↓

**KÜNSTLICHE BEATMUNG:** FÜNF ATEMSTÖSSE GEBEN, s. S. 18

↓

KEIN ODER SEHR LANGSAMER PULS

↓

**KPR:** 9 HERZMASSAGEN, 3 BEATMUNGEN – DAS GANZE 1 MINUTE LANG

↓

**KPR** FORTSETZEN, BIS HILFE EINTRIFFT

1 ☎ NOTARZT RUFEN
Wenn Sie keinen Helfer haben, nehmen Sie das Baby mit zum Telefon.

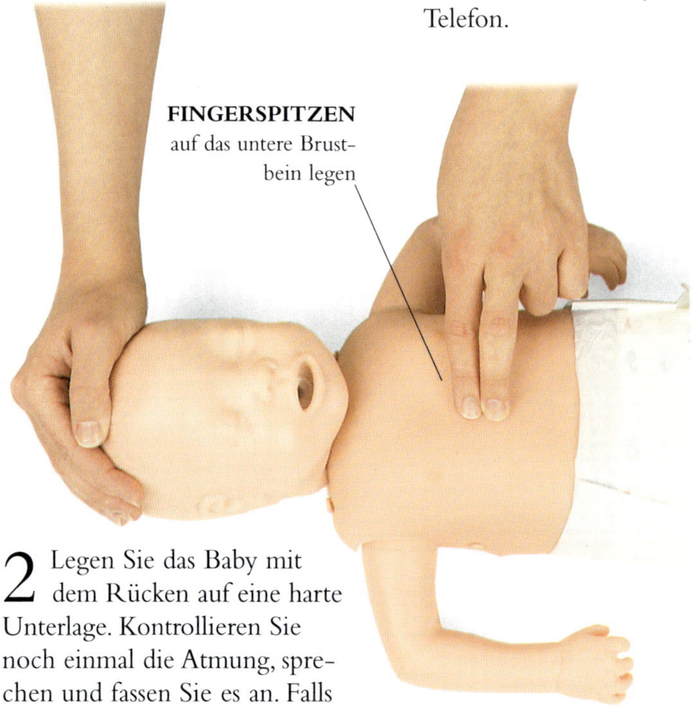


2 Legen Sie das Baby mit dem Rücken auf eine harte Unterlage. Kontrollieren Sie noch einmal die Atmung, sprechen und fassen Sie es an. Falls immer noch bewußtlos, ohne Atmung und ohne Puls: Legen Sie Zeige- und Mittelfinger einer Hand parallel zum Brustbein.

3 Drücken Sie das Brustbein etwa 2 cm tief in Richtung Wirbelsäule. Drei Sekunden lang fünfmal wiederholen.

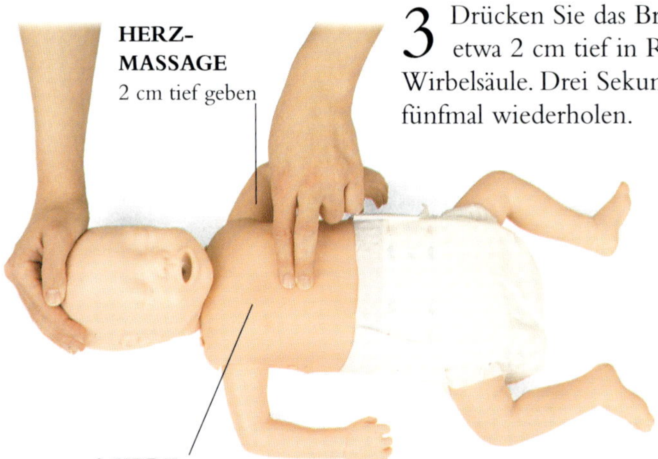

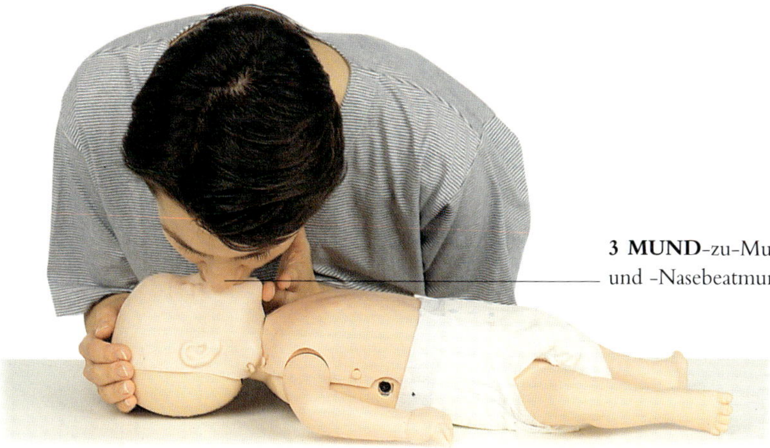

**3 MUND**-zu-Mund- und -Nasebeatmungen geben

4 Geben Sie drei Beatmungen, d. h. jeweils einen Mund voll Luft (s. S. 18 künstliche Beatmung).

**Schritt 3 und 4 eine Minute lang wiederholen**

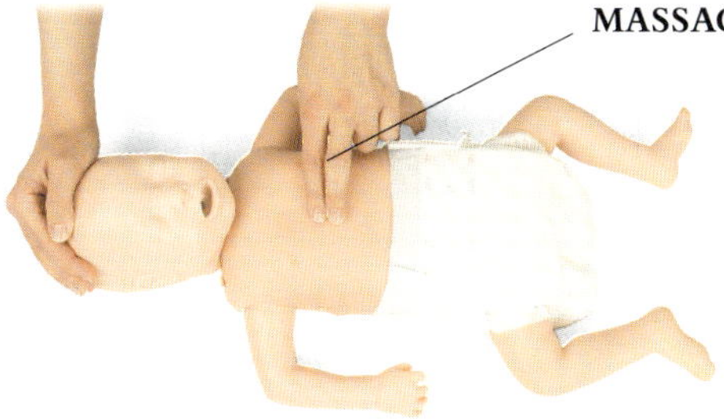

**9 HERZ-MASSAGEN** geben

5 Wiederholen Sie den Zyklus der neun Herzmassagen plus drei Beatmungen eine Minute lang.

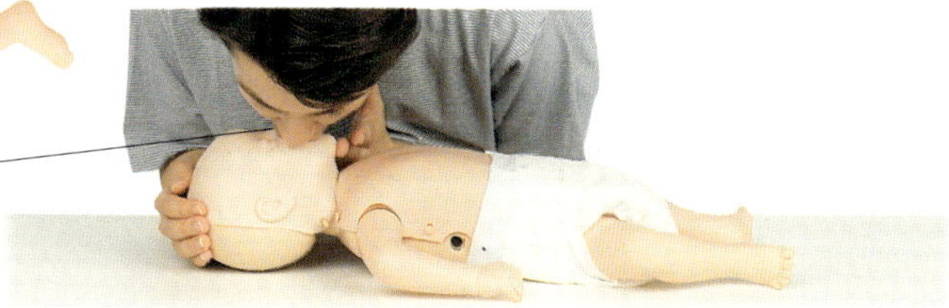

**3 BEATMUNGEN** anschließen

**Die KPR-Zyklen wiederholen, bis Hilfe eintrifft**

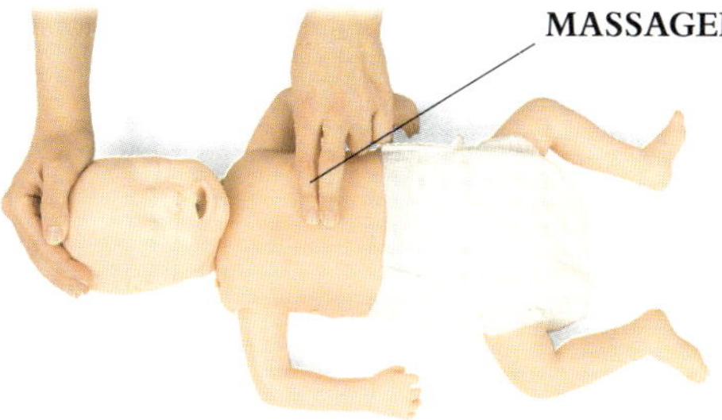

**9 HERZ-MASSAGEN** geben

6 Führen Sie die KPR fort – neun Herzdruckmassagen gefolgt von drei Beatmungen –, bis der Notarzt eintrifft.

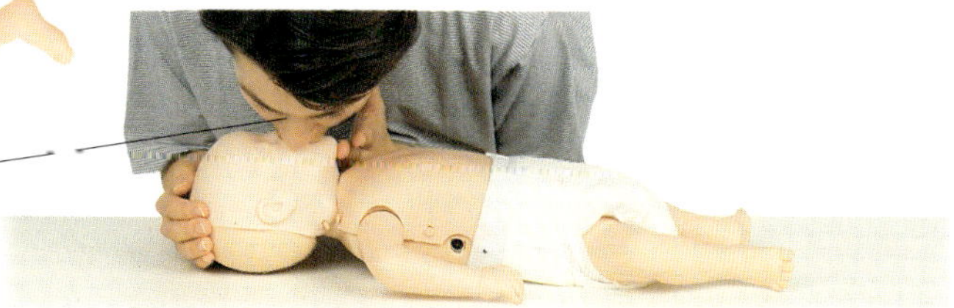

**3 BEATMUNGEN** anschließen

# DAS BEWUSSTLOSE KIND

**Die Vitalfunktionen des Kindes kontrollieren**

## 1 Reagiert das Kind?

- Rufen Sie es beim Namen
- Schütteln Sie es sanft
- Zwicken Sie es

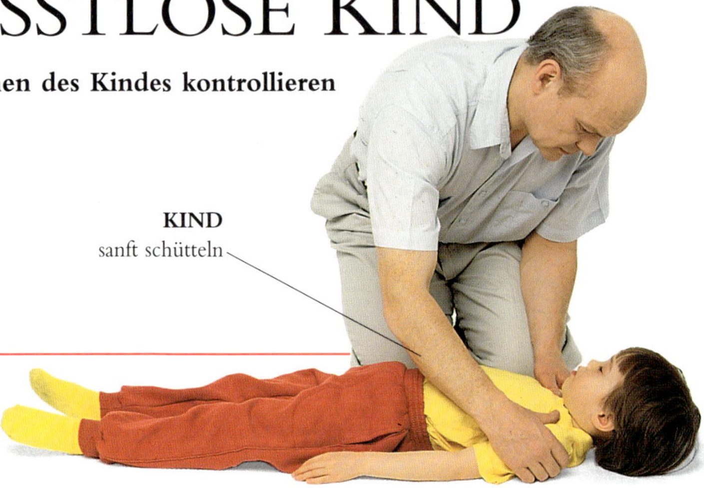

**KIND** sanft schütteln

## 2 Um Hilfe rufen

## 3 Die Atmung kontrollieren

- Sind Atemgeräusche da?
- Spüren Sie ausgeatmete Luft an Ihrer Wange?
- Hebt sich der Brustkorb? Legen Sie zur Kontrolle Ihre Hand darauf.
- Entscheiden Sie nach fünf Sekunden, ob ein Atemstillstand vorliegt

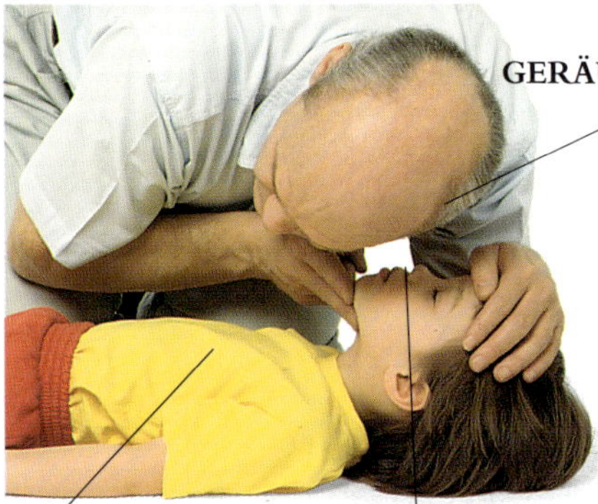

**ATEM-GERÄUSCHE** hörbar?

**BRUSTKORBBEWEGUNG** sicht- und fühlbar?

**ATEMLUFT** auf der Wange fühlbar?

**ATMET** *das Kind* **NICHT**, *machen Sie die Atemwege frei, und beatmen Sie fünfmal (s. S. 26)*

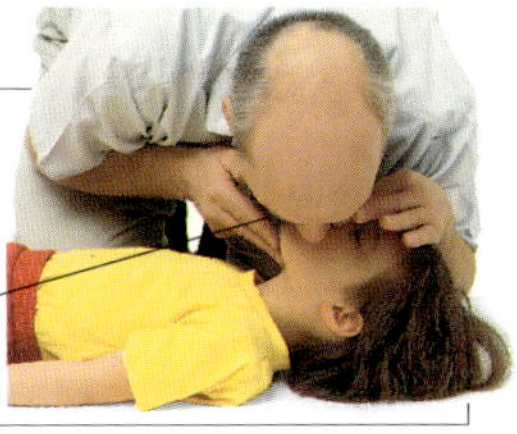

**EIGENEN** Mund über den Mund des Kindes legen und beatmen

## 4 Die Atemwege öffnen

- Sehen Sie in den Mund, drehen Sie ggf. den Kopf zur Seite, und entfernen Sie Fremdkörper
- Heben Sie zwei Finger unter das Kinn, und heben Sie den Kiefer etwas an
- Legen Sie die andere Hand auf die Stirn des Kindes, und beugen Sie den Kopf nackenwärts

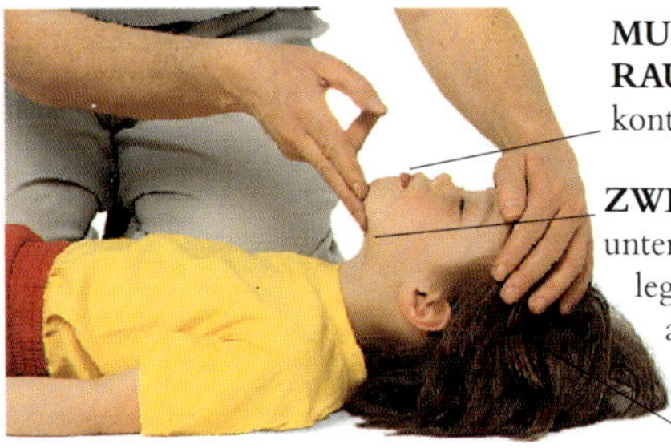

**MUNDRAUM** kontrollieren

**ZWEI** Finger unters Kinn legen und anheben

**KOPF** zurückbeugen

## 5 Den Puls kontrollieren

- Halten Sie den Kopf weiterhin zurückgebeugt
- Suchen Sie den langen Muskel seitlich am Hals
- Legen Sie zwei Finger (nicht den Daumen!) in die Vertiefung zwischen diesem Muskel und dem Kehlkopf
- Üben Sie sanften Druck aus

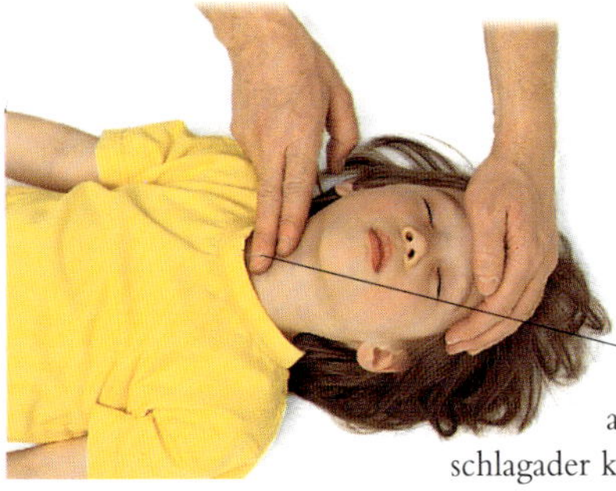

**PULS** an der Halsschlagader kontrollieren

# 6 REAGIEREN SIE ENTSPRECHEND

**Kind bewußtlos, Atmung und Puls vorhanden**

1 Behandeln Sie lebensbedrohliche Verletzungen wie Verbrennungen (s. S. 60) oder Blutungen (s.S.46).

2 ☎ NOTARZT RUFEN
Lassen Sie das Kind nicht allein. Kontrollieren Sie regelmäßig die Atmung, und bereiten Sie sich aufs Wiederbeleben vor.

3 Bringen Sie das Kind in die stabile Seitenlage (s. nächste Seite).

**Keine Atmung, aber Puls spürbar**

1 ☎ NOTARZT RUFEN

2 Geben Sie eine Minute mindestens 20 Mund-zu-Mund-Beatmungen (s. S. 26). Dann Pulskontrolle.

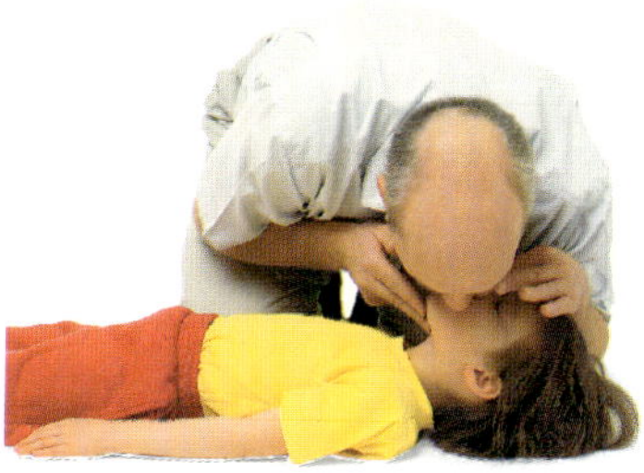

3 Setzen Sie die Mund-zu-Mund-Beatmung fort.

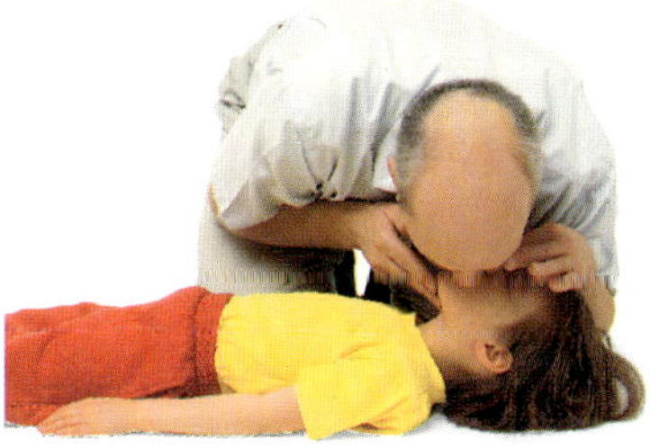

4 Kontrollieren Sie den Puls jede Minute (nach jeweils 20 Beatmungen).

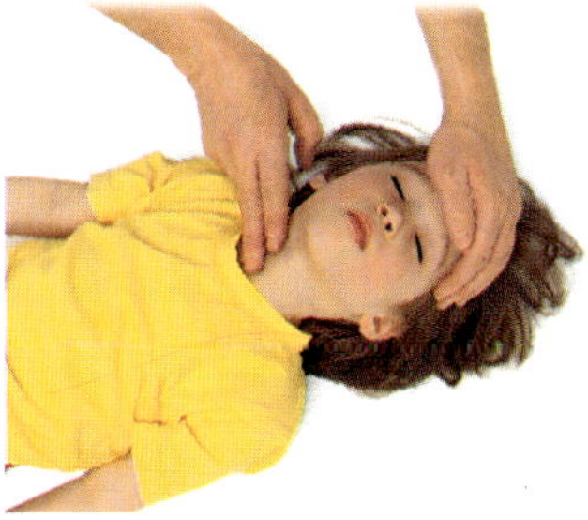

**Keine Atmung, Puls fehlt**

1 ☎ NOTARZT RUFEN

2 Beginnen Sie mit der kardiopulmonalen Reanimation (KPR): fünf Herzdruckmassagen gefolgt von einer Mund-zu-Mund-Beatmung (5:1) – das Ganze eine Minute lang (s. S. 28).

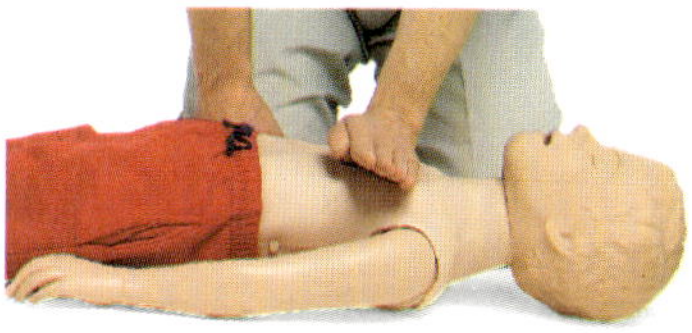

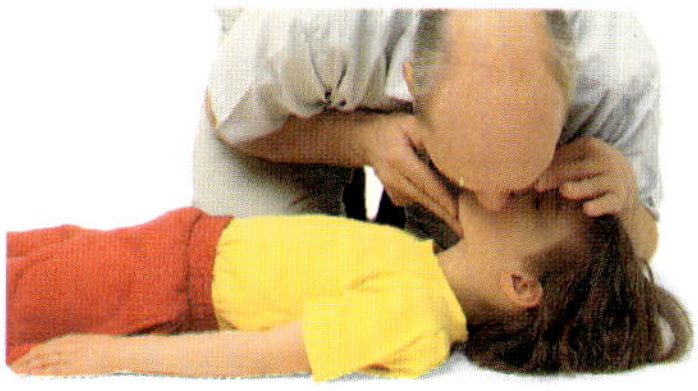

3 Setzen Sie die kardiopulmonale Reanimation (KPR) fort, bis Hilfe eintrifft.

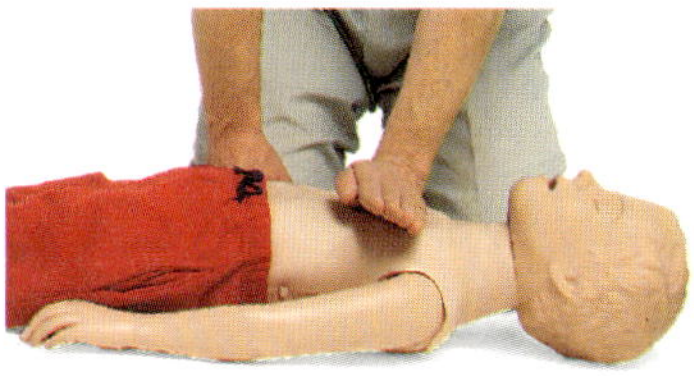

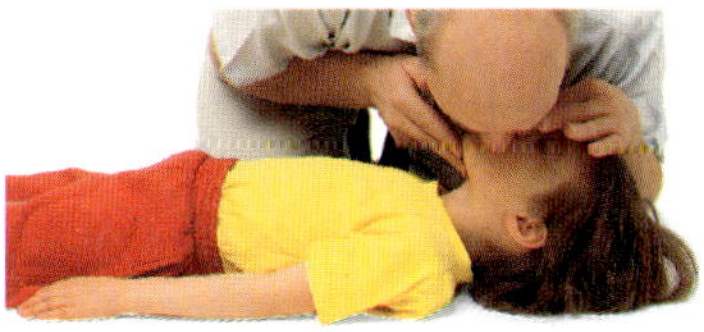

# STABILE SEITENLAGE

**Bringen Sie das Kind in diese Position, wenn es bewußtlos ist, aber atmet und der Puls spürbar ist (s. S. 22), um zu verhindern, daß es an seiner eigenen Zunge oder Erbrochenem erstickt.**

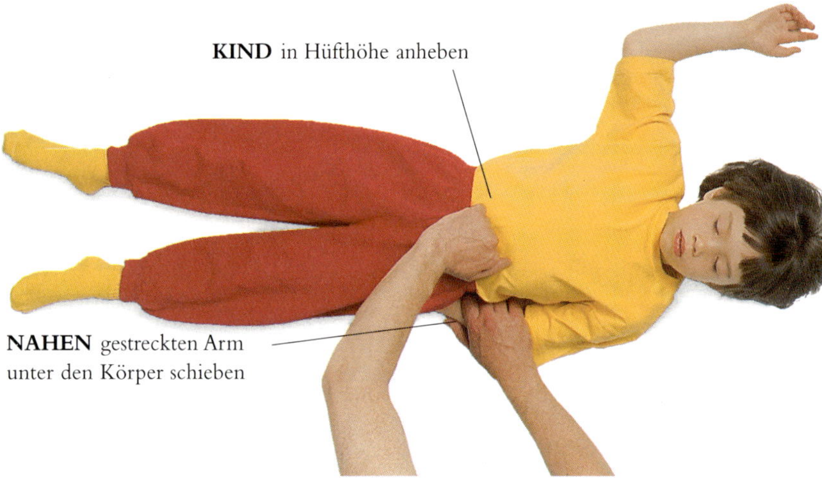


1 Treten Sie seitlich an das Kind heran, heben Sie es in Hüfthöhe an, und schieben Sie den nahen Arm gestreckt so weit wie möglich unter seinen Körper.

**BEI** *Verdacht auf* RÜCKEN- UND NACKENVERLETZUNGEN s. S. 73–74.

**GEHEN** *Sie bei Verdacht auf Knochenbrüche sehr behutsam vor. Lagern Sie das Kind so, daß die verletzte Seite nach oben zeigt. Siehe* KNOCHEN-, GELENK- UND MUSKELVERLETZUNGEN, S. 76–84.

2 Stellen Sie den Fuß des nahen Beins an den Po.

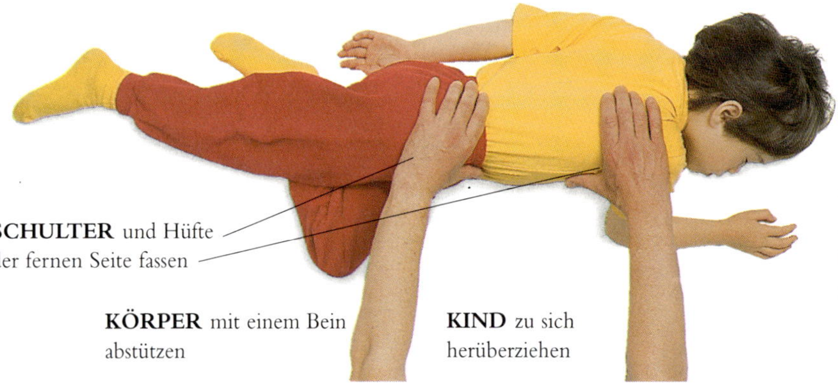


3 Fassen Sie Schulter- und Hüftgegend der fernen Seite, und ziehen Sie das Kind behutsam zu sich herüber. Stützen Sie den Körper mit dem Bein ab.

4 Ziehen Sie den unter dem Körper liegenden Arm am Ellbogen etwas nach hinten hervor.

5 Fassen Sie den Kopf des Kindes an Kinn und Stirn, und beugen Sie ihn nackenwärts. Wenden Sie sein Gesicht erdwärts.

**KONTROLLIEREN** *Sie Atmung und Puls, bis Hilfe eintrifft.*

6 Schieben Sie die Finger des oben liegenden Arms unter die Wange.

# KÜNSTLICHE BEATMUNG: KIND

**Ein bewußtloses Kind, das nicht atmet, jedoch noch einen spürbaren Puls hat, müssen Sie Mund-zu-Mund beatmen; s. S. 22)**

**WIEDERBELEBUNG ZUSAMMENFASSUNG**

↓

BEWUSSTLOSES KIND

↓

KEINE ATMUNG

↓

☎ NOTARZT RUFEN

↓

ATEMWEGE ÖFFNEN

↓

**KÜNSTLICHE BEATMUNG:** FÜNF ATEMSTÖSSE GEBEN

↓

PULS SPÜRBAR

↓

**KÜNSTLICHE BEATMUNG:** 1 MINUTE LANG

↓

PULS SPÜRBAR

↓

**KÜNSTLICHE BEATMUNG** FORTSETZEN, BIS HILFE EINTRIFFT



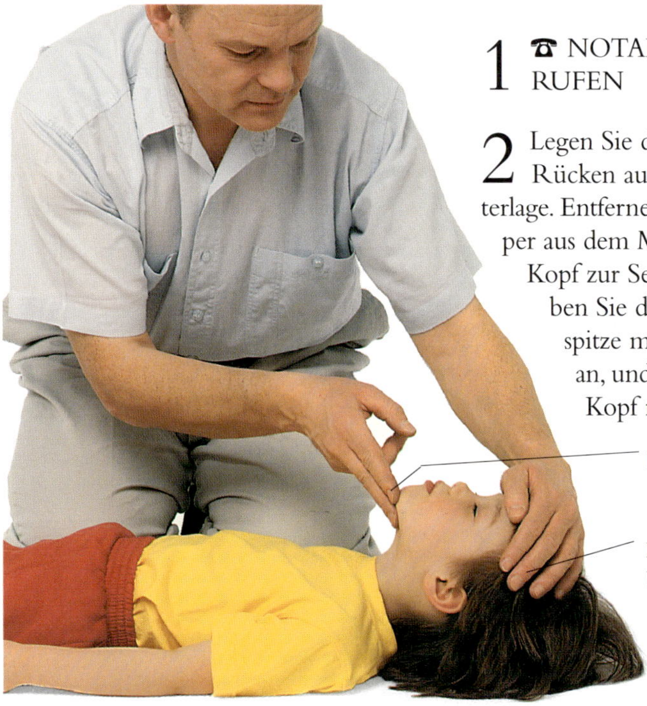

1 ☎ NOTARZT RUFEN

2 Legen Sie das Kind mit dem Rücken auf eine harte Unterlage. Entfernen Sie Fremdkörper aus dem Mund, dabei den Kopf zur Seite drehen. Heben Sie danach die Kinnspitze mit zwei Fingern an, und beugen Sie den Kopf nackenwärts.

**KINNSPITZE** mit zwei Fingern heben

**KOPF** nackenwärts beugen

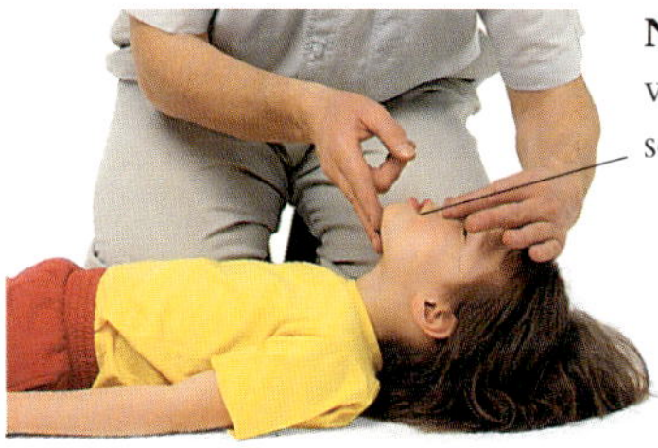

**NASE** verschließen

3 Verschließen Sie die Nase mit Daumen und Zeigefinger. Umschließen Sie den geöffneten Mund fest mit Ihren Lippen. Blasen Sie Luft in die Lungen, bis sich der Brustkorb hebt.

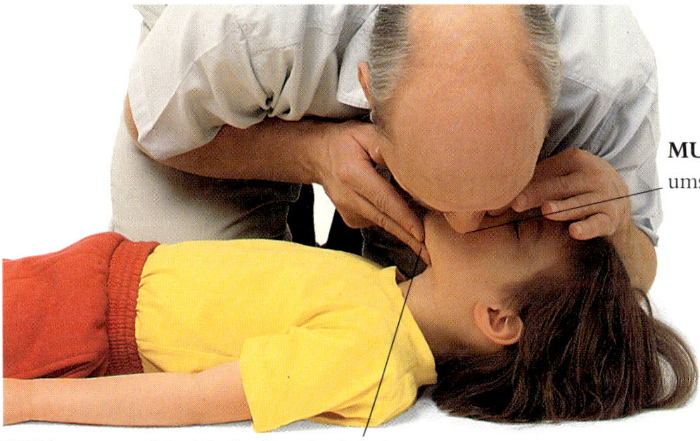

**MUND** mit Lippen umschließen

**LUFT** ausatmen, bis sich der Brustkorb hebt

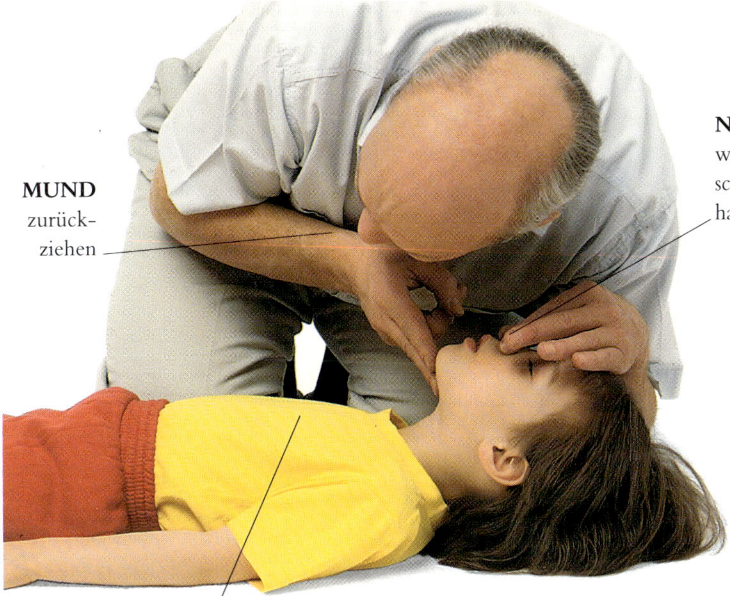

**MUND** zurückziehen

**NASE** weiter verschlossen halten

**BRUSTKORB** einsinken lassen

4 Ziehen Sie Ihren Mund zurück, und lassen Sie den Brustkorb wieder einsinken. Halten Sie die Nase weiterhin verschlossen.

> **HEBT** *sich der Brustkorb* **NICHT,** *kontrollieren Sie den Mundraum nochmals. Schieben Sie Ihre Finger nur dann in den Rachen, wenn Sie einen Fremdkörper sehen.*

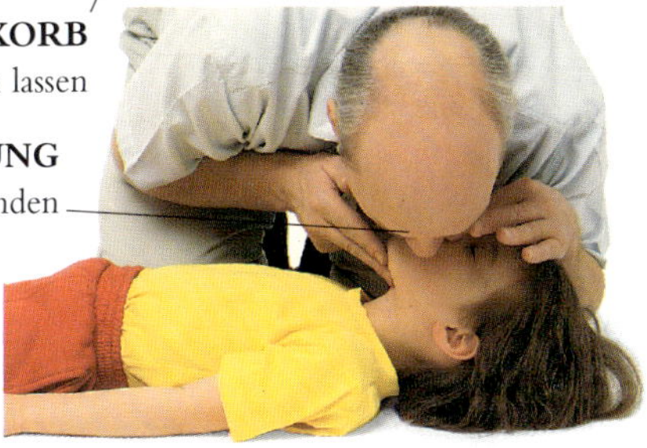

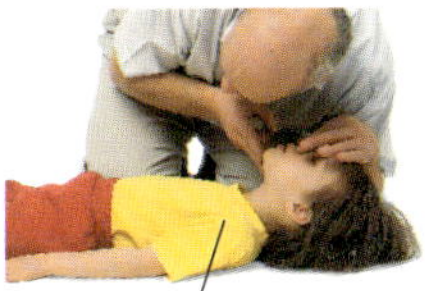

**1 BEATMUNG** alle drei Sekunden

**BRUSTKORB** einsinken lassen

5 Beatmen Sie eine Minute lang. Ziel ist eine komplette Beatmung alle drei Sekunden (20 Beatmungen pro Minute) – beim älteren Kind einen etwas langsameren Rhythmus wählen.

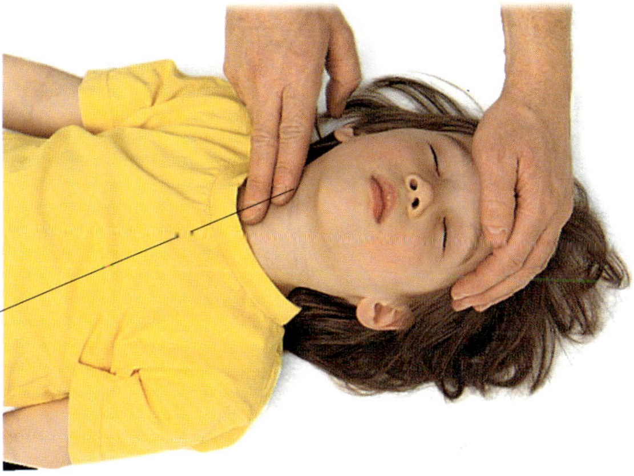

**PULS** an Halsschlagader kontrollieren

6 Stoppen Sie, und kontrollieren Sie den Puls an der Halsschlagader (s. S. 22). Ist er nicht spürbar, beginnen Sie mit der kardiopulmonalen Reanimation (s. S. 28).

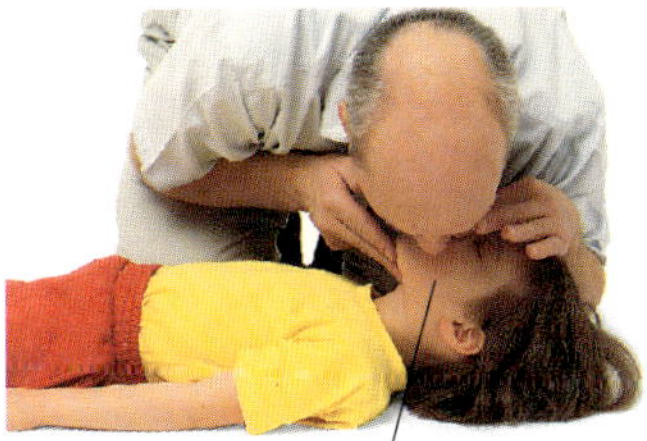

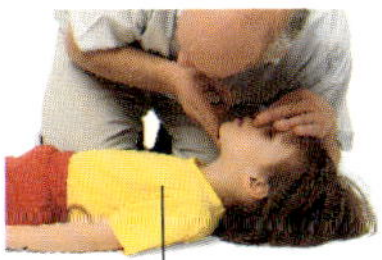

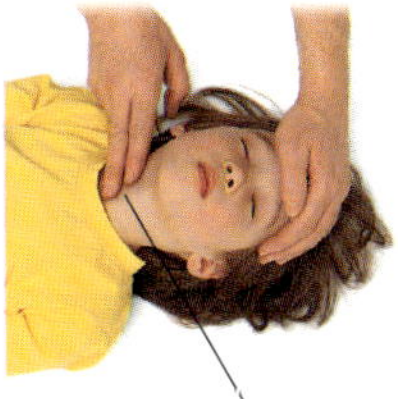

**1 BEATMUNG** alle drei Sekunden

**BRUSTKORB** nach jeder Beatmung einsinken lassen.

**PULS** jede Minute kontrollieren

7 Setzen Sie die künstliche Beatmung fort, bis Hilfe eintrifft. Kontrollieren Sie den Puls an der Halsschlagader jede Minute, und beginnen Sie mit der KPR, wenn er nicht mehr spürbar ist.

# KPR BEIM KIND

**Die kardiopulmonale Reanimation (KPR) wird beim bewußtlosen Kind mit Atemstillstand und nicht spürbarem Puls an der Halsschlagader angewendet.**

**WIEDERBELEBUNG ZUSAMMENFASSUNG**

↓

BEWUSSTLOSES KIND

↓

KEINE ATMUNG

↓

☎ NOTARZT RUFEN

↓

ATEMWEGE ÖFFNEN

↓

**KÜNSTLICHE BEATMUNG:**
FÜNF ATEMSTÖSSE GEBEN (s. S. 26)

↓

KEIN PULS

↓

**KPR** – 5 HERZDRUCK-MASSAGEN, 1 BEATMUNG, DAS GANZE 1MINUTE LANG

↓

**KPR** fortsetzen, bis Hilfe eintrifft

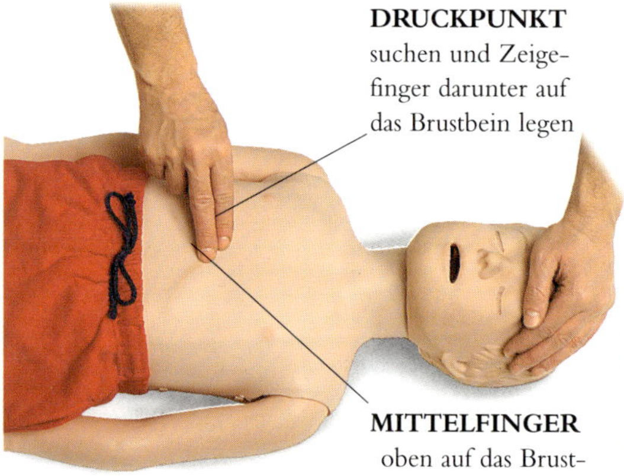

**DRUCKPUNKT** suchen und Zeigefinger darunter auf das Brustbein legen

**MITTELFINGER** oben auf das Brustbein legen

## 1 ☎ NOTARZT RUFEN

## 2

Legen Sie das Kind mit dem Rücken auf eine harte Unterlage. Suchen Sie den Punkt, wo der Rippenbogen auf das Brustbein stößt. Setzen Sie den Mittelfinger (wenn Sie Rechtshänder sind) dort auf das Brustbein, den Zeigefinger darüber.

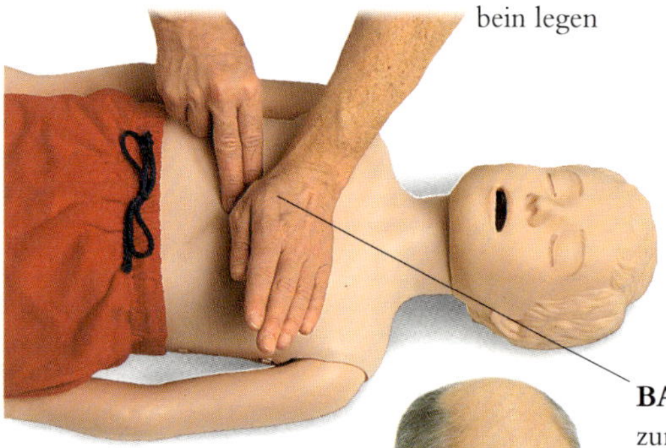

**BALLEN** der anderen Hand parallel zum Brustbein auf die Finger legen

## 3

Legen Sie dort den Ballen der anderen Hand parallel zum Brustbein auf.

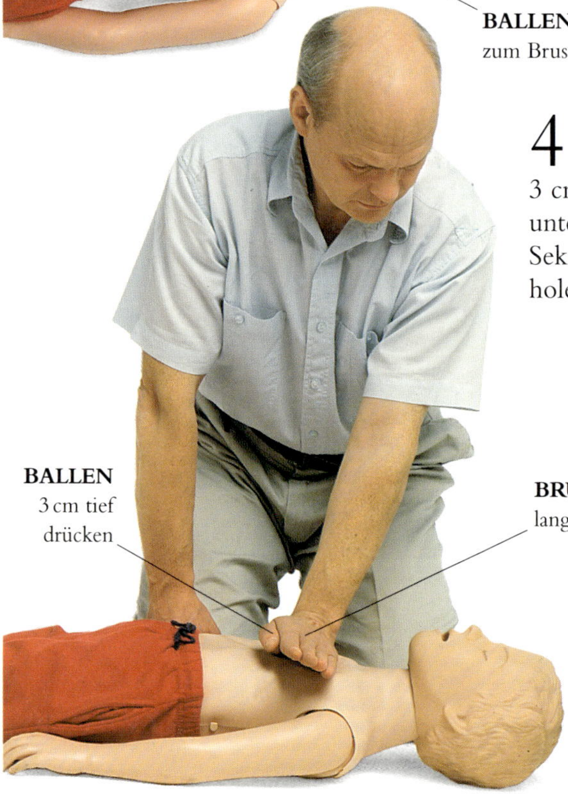

**BALLEN** 3 cm tief drücken

**BRUST** drei Sekunden lang fünfmal komprimieren

## 4

Drücken Sie jetzt nur mit dem Ballen etwa 3 cm tief senkrecht nach unten. Innerhalb von drei Sekunden fünfmal wiederholen.

**1 MUND-ZU-MUND-BEATMUNG** geben

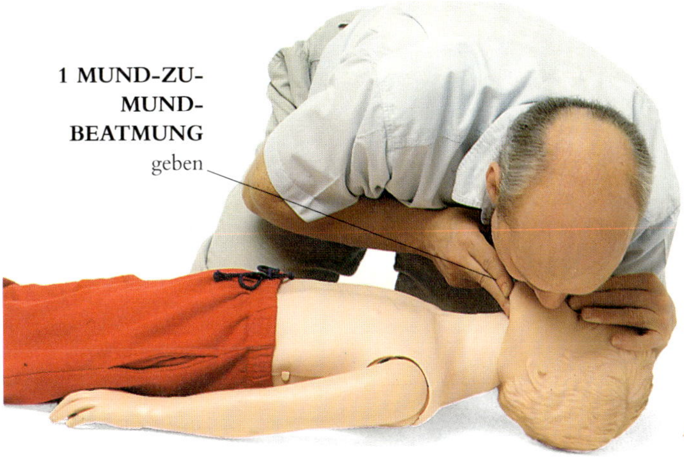

5 Geben Sie eine volle Beatmung (s. S. 26).

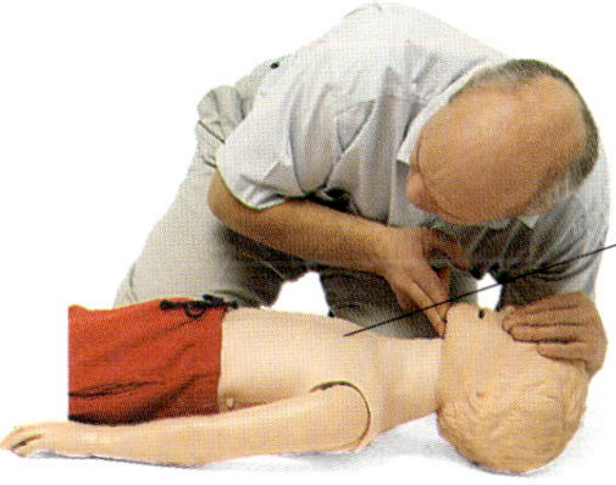

**BRUSTKORB** einsinken lassen

**Schritt 2 und 3 eine Minute lang (zehn Zyklen) wiederholen**

6 Wiederholen Sie den Zyklus der fünf Herzdruckmassagen plus einer Beatmung eine Minute lang.

**5 HERZDRUCK-MASSAGEN** geben

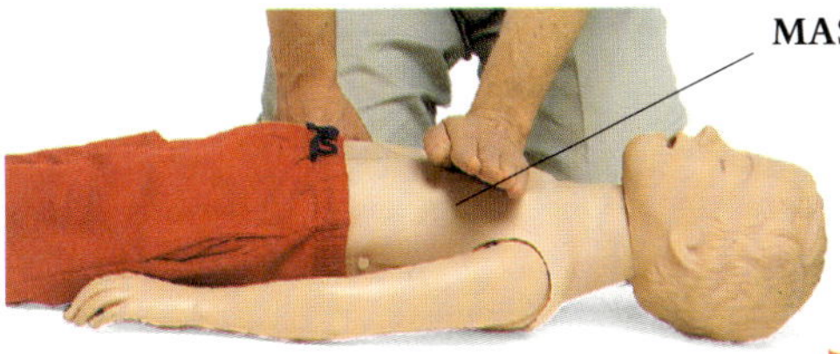

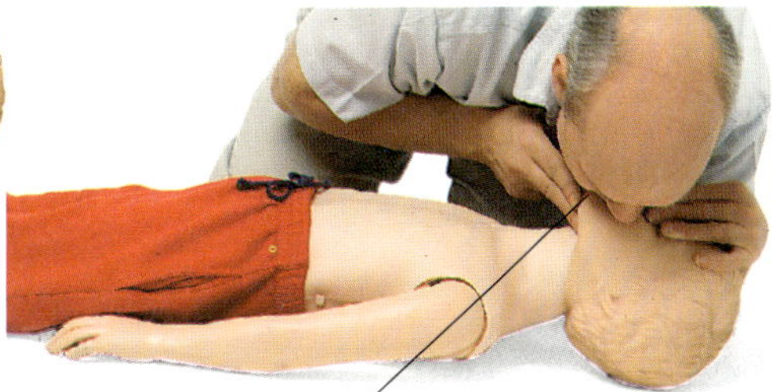

**1 BEATMUNG** anschließen

**KPR wiederholen, bis Hilfe eintrifft**

7 Führen Sie die KPR fort – fünf Herzdruckmassagen gefolgt von einer Beatmung –, bis der Notarzt eintrifft.

**5 HERZDRUCK-MASSAGEN** geben

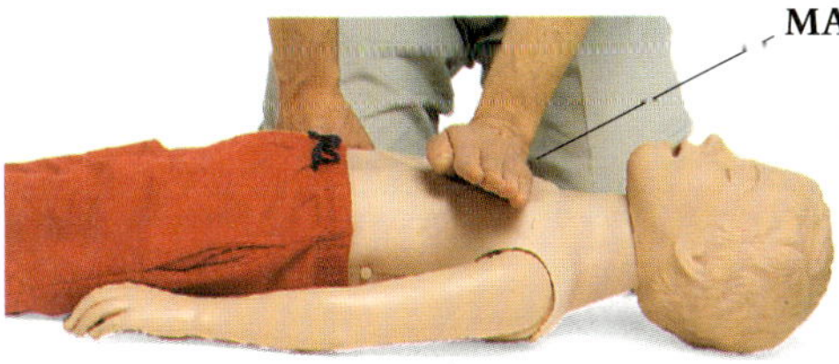

**1 BEATMUNG** anschließen

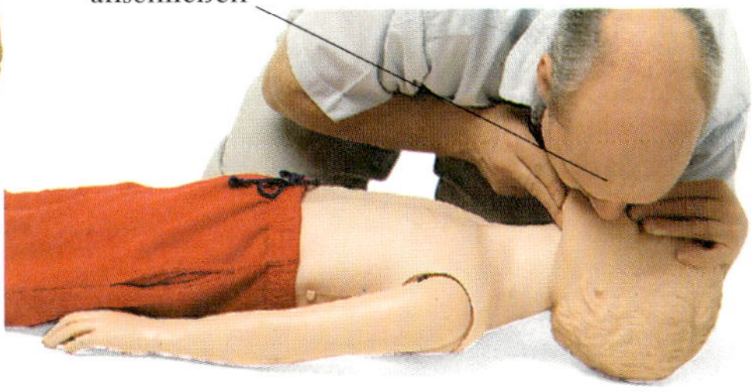

**KONTROLLIEREN** *Sie den Puls so lange weiter, bis Sie klare Lebenszeichen feststellen. Kehren Puls und Atmung zurück, bringen Sie das Kind in die stabile Seitenlage (s. S. 24) und beobachten es aufmerksam, bis der Notarzt eintrifft.*

# SCHOCK

**Schock erkennen:** Frühzeichen sind • *blaßgraue Haut, kalter Schweiß* • *schneller, schwächer werdender Puls* • *flache, schnelle Atmung*

Etwas später entwickeln sich • *Unruhe, Gähnen und Seufzen* • *Durst* • *Bewußtlosigkeit* • *zum Teil auch hohes Fieber*

**DIE** *häufigsten Schockursachen beim Kind sind starke BLUTUNGEN, s. S. 46, oder SCHWERE VERBRENNUNGEN UND VERBRÜHUNGEN, s. S. 60. Diese Verletzungen müssen unverzüglich behandelt werden.*

**GEBEN** *Sie Ihrem Kind* **NICHTS** *zu essen oder zu trinken (Ausnahme: Wenn es hohes Fieber hat und das Glas selber halten kann, trinken lassen). Ist es durstig, benetzen Sie seine Lippen mit Wasser.*

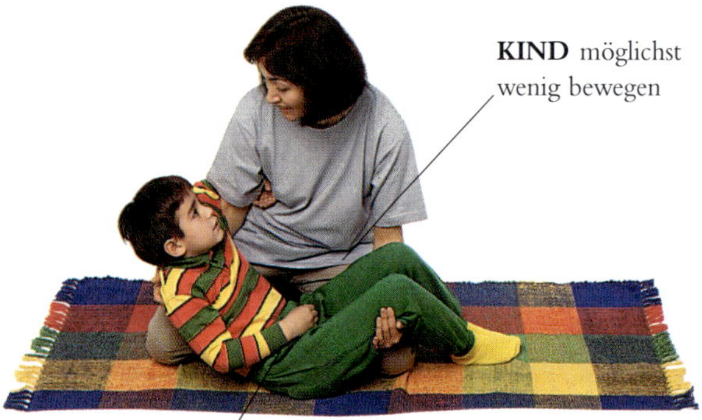

**KIND** möglichst wenig bewegen

**KIND** möglichst auf Decke, Mantel oder Teppich legen

1 Legen Sie das Kind flach auf den Rücken. Halten Sie seinen Kopf unter Brustniveau, um die Blutversorgung zum Gehirn zu verbessern. Beugen Sie den Kopf zu einer Seite, und beruhigen Sie es. Behandeln Sie etwaige Verletzungen.

☎ NOTARZT RUFEN

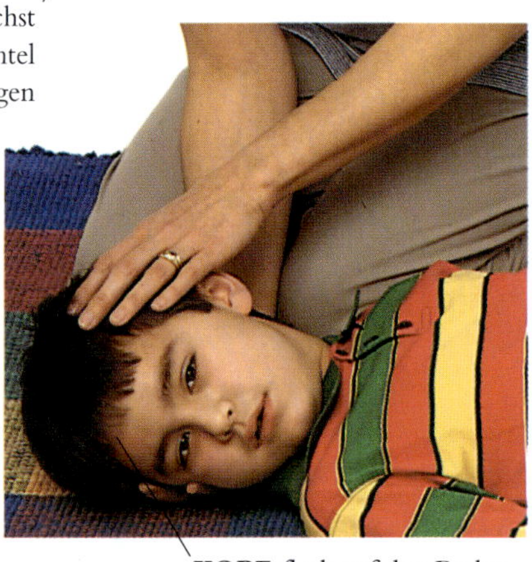

**KOPF** flach auf den Boden legen und zu einer Seite drehen

2 Heben Sie die Beine des Kindes vorsichtig an, und lagern Sie sie auf einem Stapel Kissen, einem Stuhl oder einem abgepolsterten Bücherstapel.

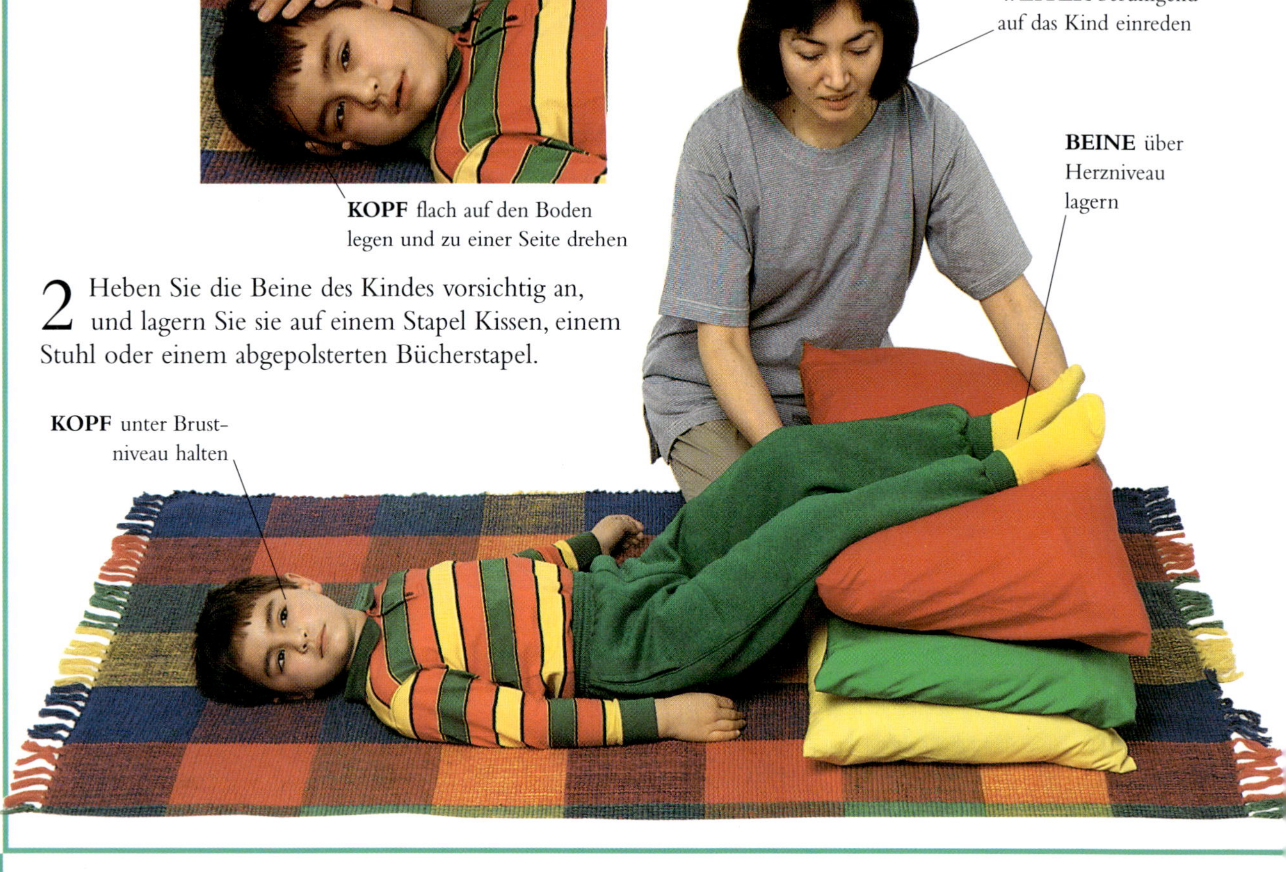

**WEITER** beruhigend auf das Kind einreden

**BEINE** über Herzniveau lagern

**KOPF** unter Brustniveau halten

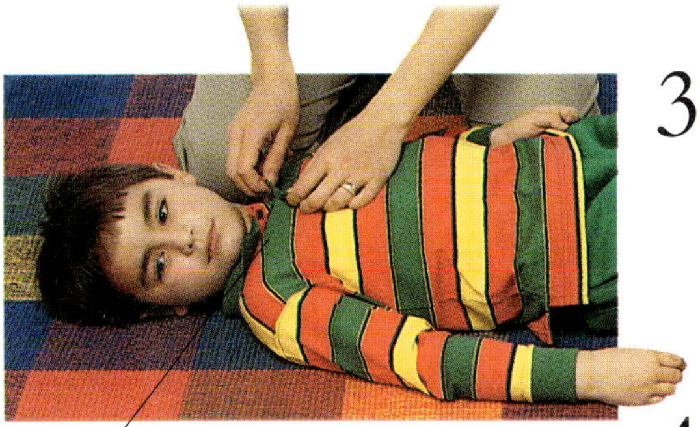

3 Zur Erleichterung der Atmung lockern Sie an Hals, Brust oder Taille engsitzende Kleidung.

**ENGE** Kleidung lockern

4 Hüllen Sie das Kind in eine Decke oder einen Mantel, um eine Unterkühlung zu vermeiden. GEBEN Sie ihm KEINE Wärmflasche, und verwenden Sie auch keine andere direkte Wärmequelle. Wenn das Kind hohes Fieber entwickelt (beim septischen Schock), nicht einhüllen!

**WEITER** beruhigen

**ATEMFREQUENZ** und Hautfarbe kontrollieren

**LASSEN** *Sie ein Kind mit Schock möglichst* **NICHT** *unbeobachtet. Wenn möglich, bleiben Sie bei ihm, und lassen Sie einen Dritten telefonieren.*

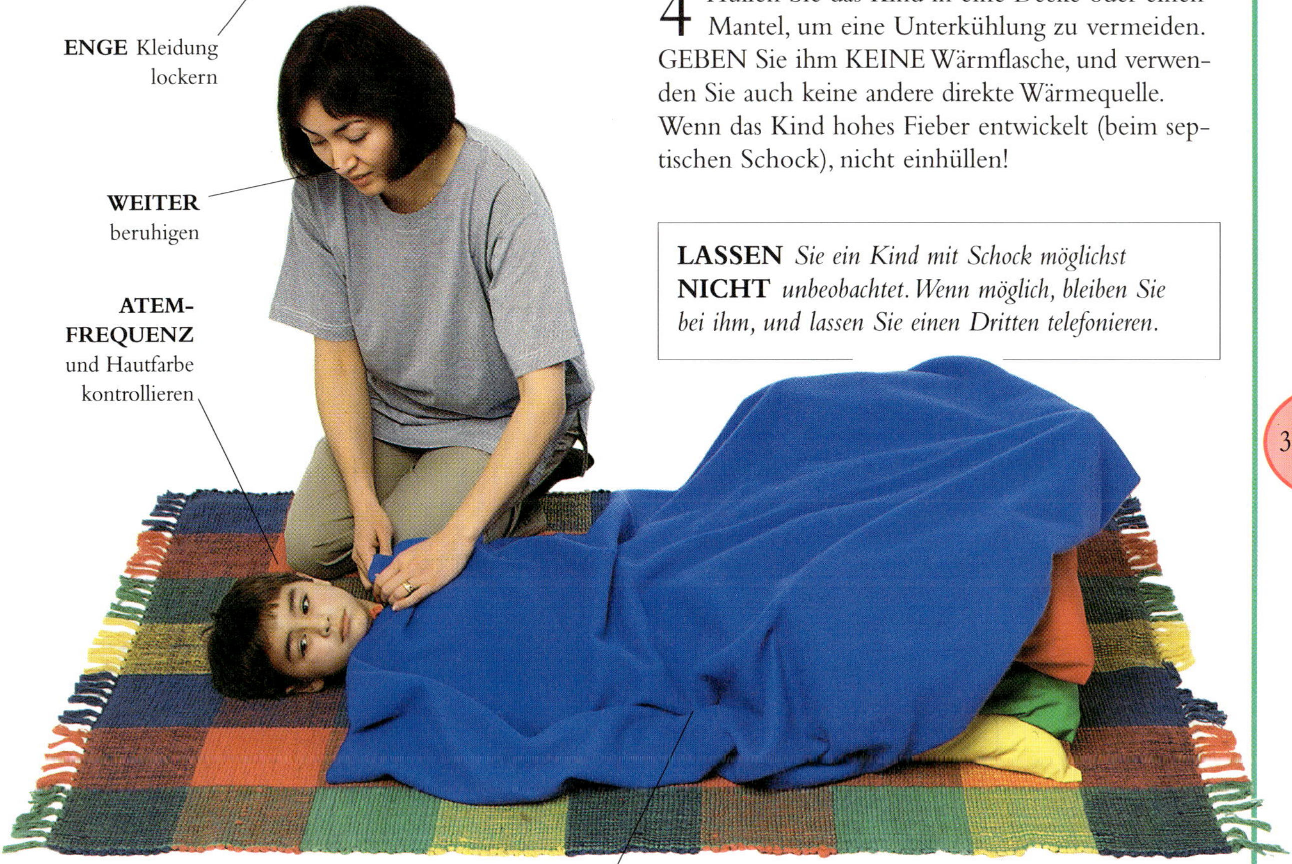

**ZUM** Warmhalten in Decke hüllen (außer bei Fieber)

**PULS** laufend kontrollieren

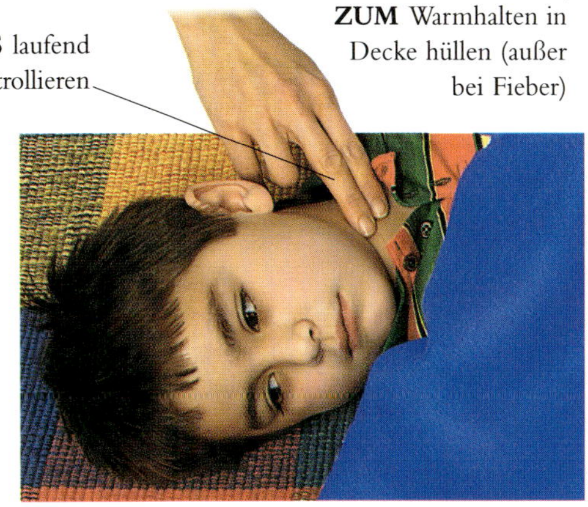

5 Beruhigen Sie das Kind weiter. Lassen Sie es erzählen oder Fragen beantworten. So können Sie seinen Zustand leichter kontrollieren. Informieren Sie den Notarzt über etwaige Veränderungen.

**WIRD** *das Kind bewußtlos, kontrollieren Sie seine Vitalfunktionen (s. DAS BEWUSSTLOSE BABY, S. 16; DAS BEWUSSTLOSE KIND, S. 22). Bereiten Sie sich aufs Wiederbeleben vor. Atmet das Kind, bringen Sie es in die STABILE SEITENLAGE (s. S. 24).*

# FIEBERKRÄMPFE

Kinder unter vier Jahren können bei Fieber oder hoher Temperatur Fieberkrämpfe bekommen.

**Einen Fieberkrampf erkennen** • *Hitzewallungen und Schweißausbrüche mit sehr heißer Stirn* • *nach oben wegkippende, starre oder schielende Augen* • *blau anlaufendes Gesicht, wenn das Kind den Atem anhält* • *starr durchgedrückter Rücken* • *zu Fäusten geballte Hände*

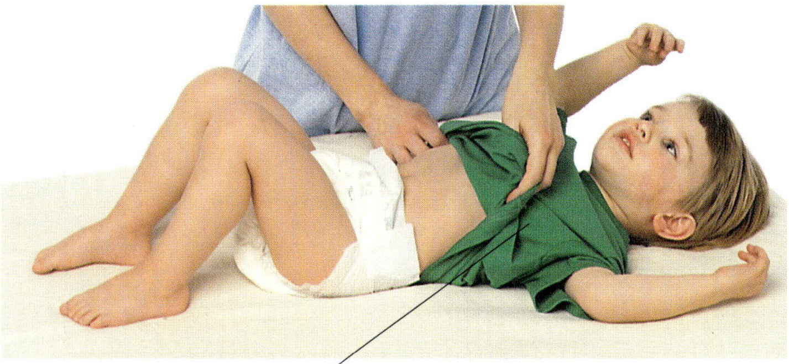

**ZUM ABKÜHLEN** ausziehen und Bettzeug entfernen

1 Ziehen Sie das Kind bis auf die Windel aus, und sorgen Sie für genügend Frischluft im Zimmer, ohne daß es dabei zu kalt wird.

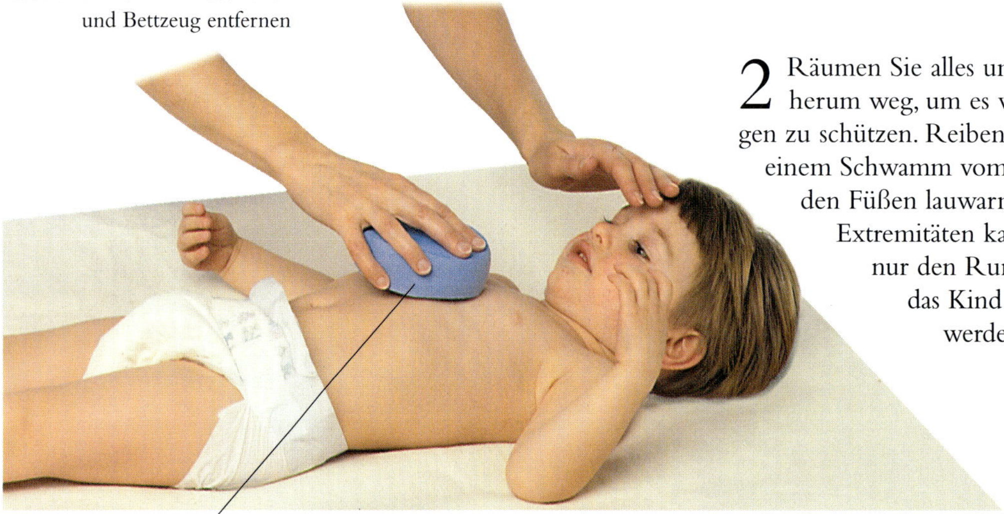

**MIT SCHWAMM** lauwarm abreiben, bis Temperatur sinkt

2 Räumen Sie alles um das Kind herum weg, um es vor Verletzungen zu schützen. Reiben Sie es mit einem Schwamm vom Kopf bis zu den Füßen lauwarm ab – sind die Extremitäten kalt, kühlen Sie nur den Rumpf. Lassen Sie das Kind nicht zu kalt werden.

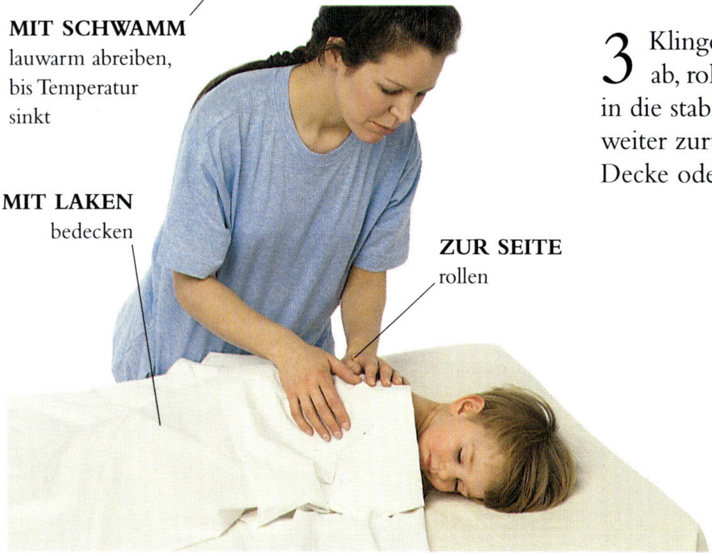

**MIT LAKEN** bedecken

**ZUR SEITE** rollen

3 Klingen die Fieberkrämpfe durch das Abkühlen ab, rollen Sie das Kind auf die Seite, am besten in die stabile Seitenlage – halten Sie seinen Kopf weiter zurückgebeugt. Hüllen Sie es in eine leichte Decke oder ein Bettlaken, und beruhigen Sie es.

✆ ARZT ANRUFEN

**BRINGEN** *Sie das Kind nach Abklingen der Fieberkrämpfe möglichst in die STABILE SEITENLAGE (s. S. 24).*

# EPILEPTISCHE ANFÄLLE

**Grand mal erkennen** Ein Anfall durchläuft folgende Stadien: *Plötzlich auftretende, manchmal durch einen Schrei eingeleitete Bewußtlosigkeit • starr durchgedrückter Rücken • aussetzende Atmung • zuckende Bewegungen • Schaum oder Bläschen – evtl. auch blutig – um den Mund • Verlust der Blasen- oder Darmkontrolle • Wiedererlangen des Bewußtseins innerhalb weniger Minuten – Benommenheit • möglicherweise daran anschließend tiefer Schlaf*

*Kinder mit Epilepsie tragen möglicherweise einen Ausweis oder ein Armband mit einem entsprechenden Vermerk. Vor einem Grand-mal-Anfall kann ein Petit mal auftreten. Gekennzeichnet ist dieser durch sekundenlange Absencen, Gesichtszuckungen und Automatismen wie Schmatzen. Reden Sie in einem solchen Fall beruhigend auf das Kind ein, und verständigen Sie Ihren Arzt.*

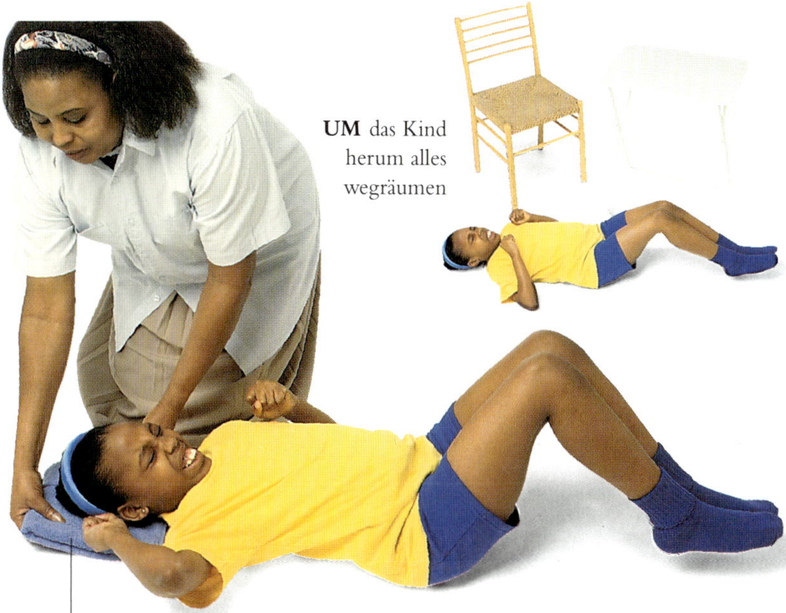


1 Ist Ihr Kind im Begriff hinzufallen, greifen Sie nach ihm und helfen ihm auf den Boden. Räumen Sie alles um das Kind herum weg. Polstern Sie den Boden im Kopfbereich ab. Versuchen Sie nicht, das Kind auf den Boden zu drücken oder es zu bewegen. Stecken Sie ihm nichts in den Mund, und geben Sie ihm nichts zu essen oder zu trinken.

2 Sind die Krämpfe vorüber, ist das Kind möglicherweise bewußtlos. Entfernen Sie Schutzpolster. Kontrollieren Sie die Atemwege, Atmung und Puls. Atmet das Kind, bringen Sie es in die STABILE SEITENLAGE (s. S. 24). Bleiben Sie bei ihm, bis es sich erholt hat. Es fühlt sich vielleicht benommen und verhält sich seltsam, oder aber es fällt in einen tiefen Schlaf.

☎ NOTARZT RUFEN

### Nach Abklingen der Krämpfe

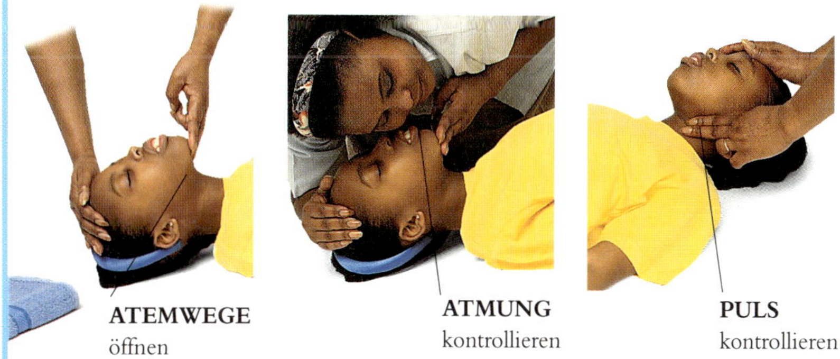


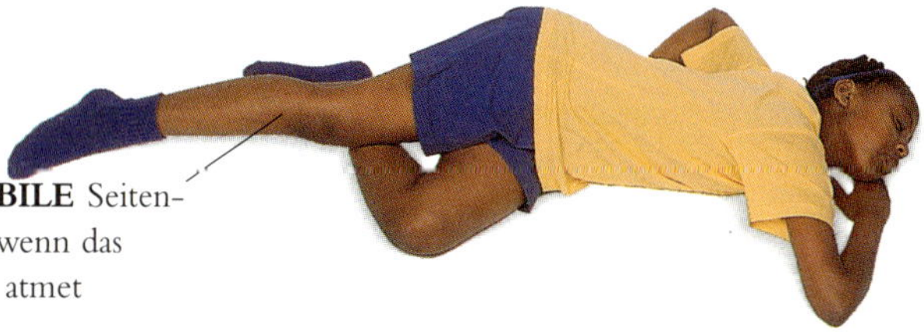

# DER DIABETISCHE NOTFALL

**Unterzuckerung erkennen** • *Schwäche- oder Hungergefühl* • *Verwirrtheit oder aggressives Verhalten* • *Schweißausbrüche* • *sehr blasses Gesicht* • *starker, jagender Puls* • *flache Atmung*

*Ein Kind mit Diabetes ist wahrscheinlich insulinpflichtig. Lassen Sie die Insulindosis durch den Arzt überprüfen.*

Erholt es sich rasch nach etwas Süßem, geben Sie ihm einen Nachschlag und lassen es ausruhen. Erholt es sich dadurch nicht:

☎ NOTARZT RUFEN

## Das bewußtlose Kind

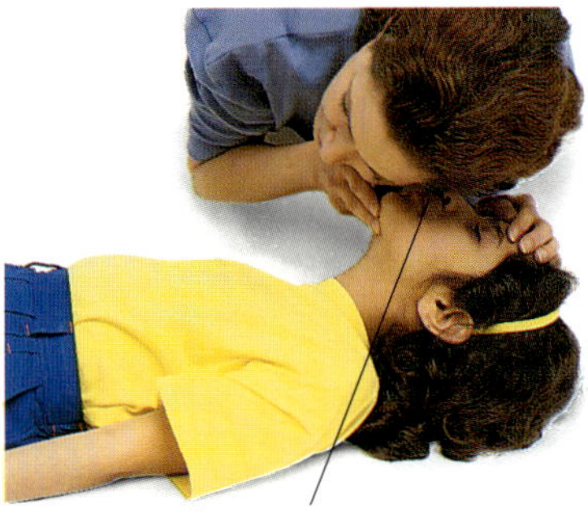


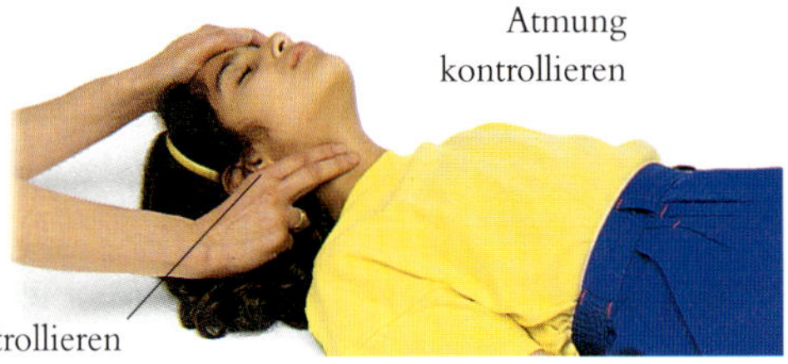


1 Kontrollieren Sie Atmung und Puls.

*Atmet das Kind nicht, beginnen Sie mit dem Wiederbeleben (s. DAS BEWUSSTLOSE BABY, S. 16; DAS BEWUSSTLOSE KIND, S. 22)*

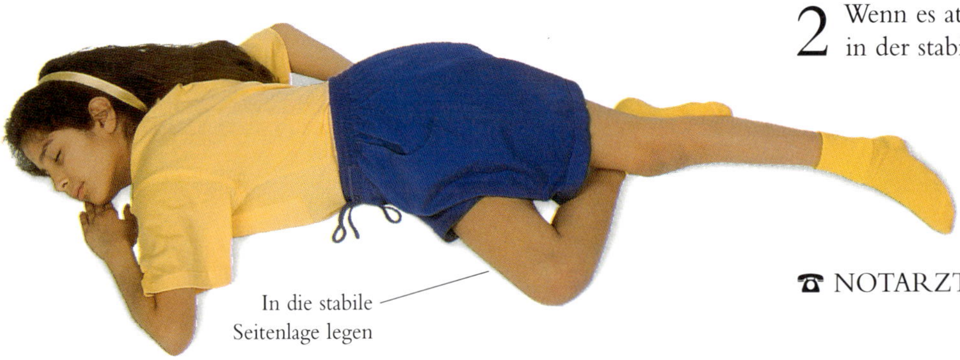


2 Wenn es atmet, lagern Sie es in der stabilen Seitenlage.

☎ NOTARZT RUFEN

# SCHWÄCHEANFALL

**Einen Schwächeanfall erkennen**
*• Schwäche- und Schwindelgefühl • sehr blasses Gesicht • kurzer Bewußtseinsverlust • langsamer Puls*

1 Legen Sie das Kind flach auf den Rücken, und heben Sie die Beine über Herzniveau, indem Sie sie auf einem Stapel Kissen oder Decken lagern.

2 Lockern Sie engsitzende Kleidung an Hals, Brust und Taille. Sorgen Sie für viel Frischluft – öffnen Sie ein Fenster, wenn Sie sich drinnen aufhalten. Fächeln Sie ihm Luft ins Gesicht.

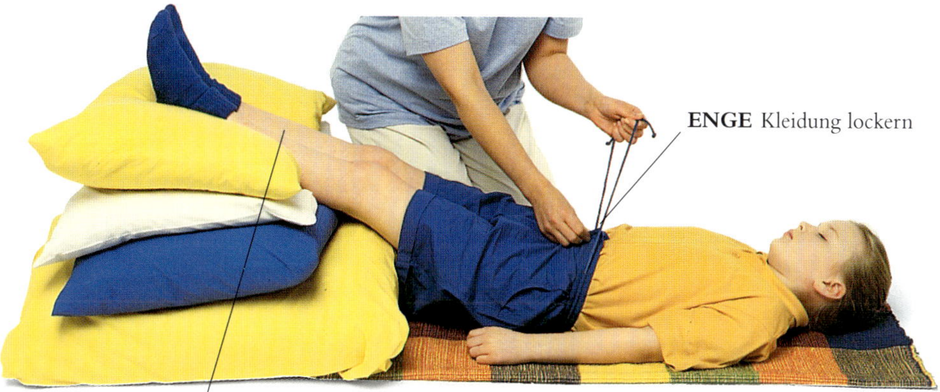

**ENGE** Kleidung lockern

**BEINE** hochlagern, um Blutzufuhr zum Gehirn zu verbessern

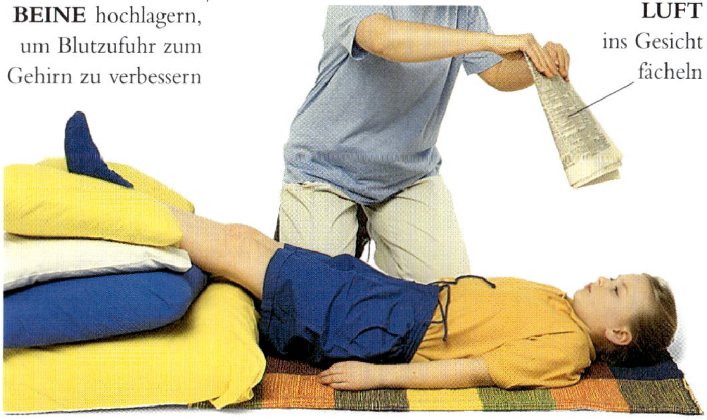

**LUFT** ins Gesicht fächeln

3 Gelangt das Kind nicht wieder zu Bewußtsein, kontrollieren Sie die Vitalfunktionen (s. DAS BEWUSSTLOSE BABY, S.16; DAS BEWUSSTLOSE KIND, S. 22). Bereiten Sie sich aufs Wiederbeleben vor. Atmet das Kind, bringen Sie es in die STABILE SEITENLAGE (s. S. 24)

☎ NOTARZT RUFEN

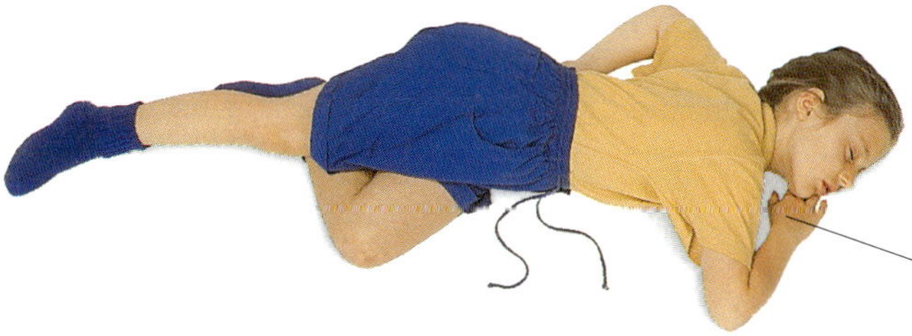

**STABILE SEITENLAGE**, wenn das Kind nicht sofort das Bewußtsein wiedererlangt

# VERSCHLUCKEN BEI BABYS

**ZUSAMMENFASSUNG**

MUNDRAUM KONTROLLIEREN

↓

5 KRÄFTIGE SCHLÄGE AUF RÜCKEN GEBEN

↓

ATEMKONTROLLE: WENN KEINE ATMUNG MEHR: GGF. 5 BRUST-KOMPRESSIONEN

↓

ABLAUF WIEDER-HOLEN

**Zustand erkennen** • *behinderte Atmung* • *eventuell blau anlaufendes Gesicht* • *beim Versuch zu schreien kommen nur seltsame Geräusche oder gar kein Ton heraus*

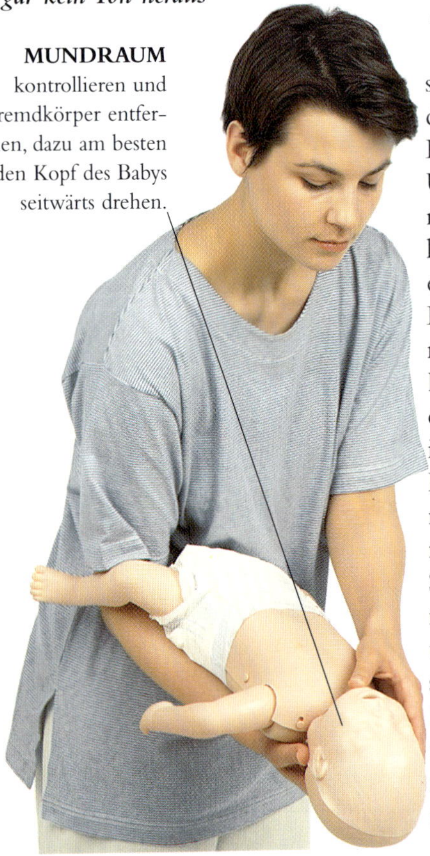

**MUNDRAUM** kontrollieren und Fremdkörper entfernen, dazu am besten den Kopf des Babys seitwärts drehen.

1 Hat das Baby einen Fremdkörper aspiriert, drehen Sie seinen Kopf zur Seite und prüfen die Atemwege. Legen Sie das Baby wie abgebildet auf Ihren Unterarm, dann drehen Sie seinen Kopf zur Seite und kontrollieren den Mundraum. Legen Sie einen Finger auf die Zunge des Babys, um besser sehen zu können. Schieben Sie nur dann einen Finger in den Rachen, wenn Sie einen Fremdkörper erkennen und ihn entfernen wollen.
Kann es noch ausreichend atmen, nehmen Sie es auf den Arm und rufen den Notarzt. Kontrollieren Sie dann bis zu seinem Eintreffen nur den Zustand des Babys, und unternehmen Sie nichts, solange sich dieser nicht verschlechtert.
Ist die Atmung stark behindert, und wird der Säugling sogar blau, rufen Sie den Notarzt, und machen Sie weiter bei 2 und 3.

☎ NOTARZT RUFEN

2 Legen Sie das Baby mit dem Kopf nach unten bäuchlings auf Ihren Unterarm. Stützen Sie Kopf und Schultern mit Ihrer Hand, und schlagen Sie fünfmal kräftig (!) zwischen die Schulterblätter.

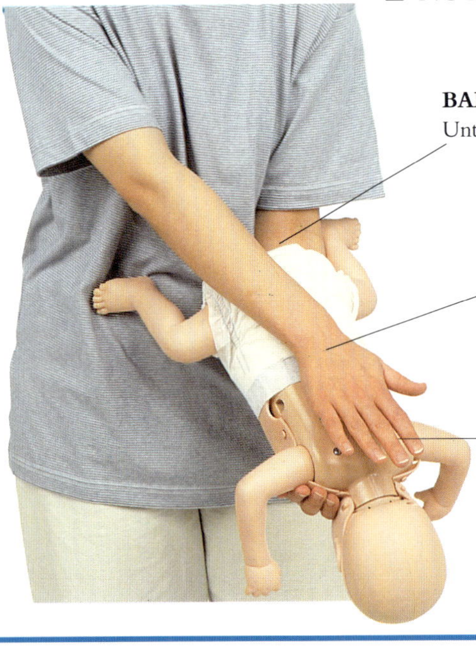

**BABY** längs auf den Unterarm legen

**5** kräftige Schläge auf den Rücken geben

**KOPF** nach unten halten und Kinn abstützen

**SCHÜTTELN** *Sie das Baby* **NICHT,** *und halten Sie es nicht mit dem Bauch nach oben.*

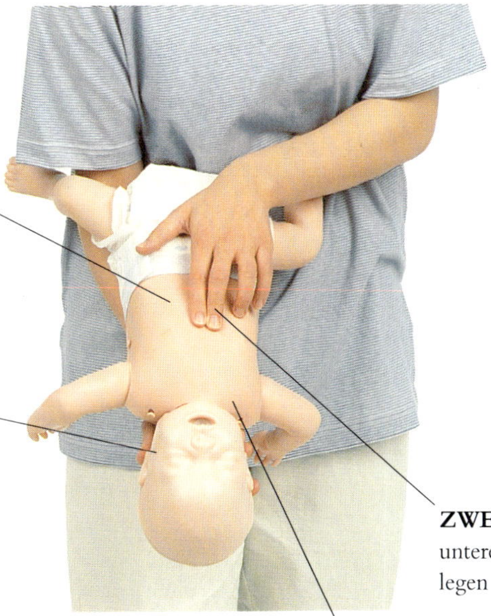


3 Wenn die Schläge auf den Rücken nicht helfen, der Notarzt noch nicht da ist und das Kind nicht mehr atmet, drehen Sie das Baby um. Legen Sie zwei Finger auf die untere Hälfte des Brustbeins, und drücken Sie fünfmal kräftig, um den Druck im Brustkorb zu erhöhen. Klappt auch das nicht, versuchen Sie künstliche Beatmung.

> **WENN** *der Druck auf den Brustkorb keine Änderung bewirkt, versuchen Sie künstliche Beatmung.*

**Schritt 1 bis 3 wiederholen, bis Hilfe eintrifft oder sich die Blockierung löst**

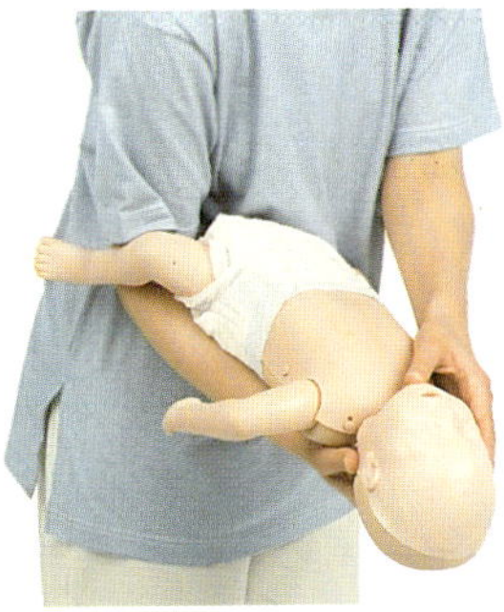

**MUNDRAUM** kontrollieren

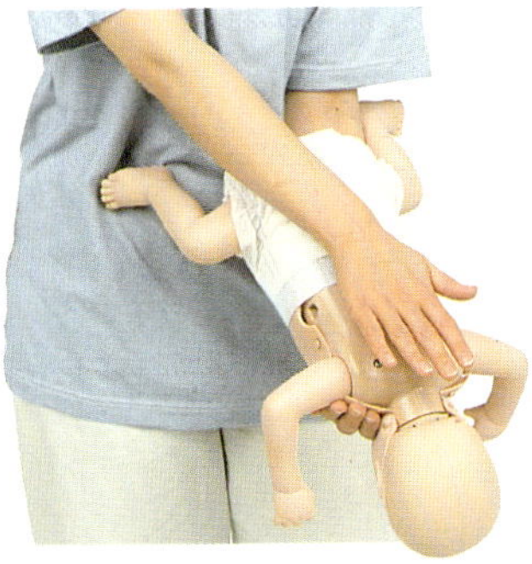

**5 SCHLÄGE** auf den Rücken geben

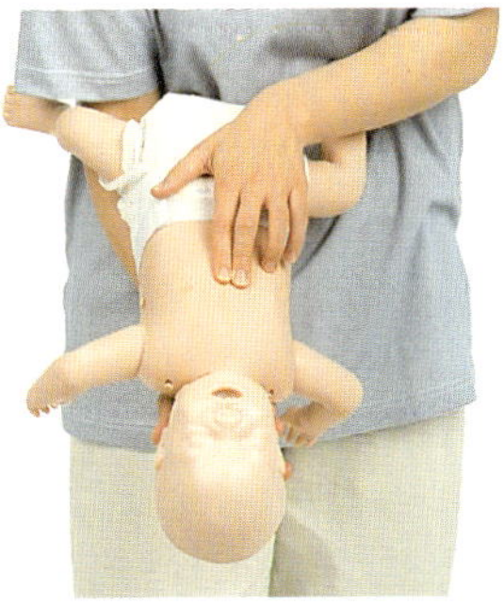

5 Brustkompressionen

> **WIRD** *das Baby bewußtlos, s. DAS BEWUSSTLOSE BABY, S.16. Bereiten Sich sich aufs Wiederbeleben vor.*

# VERSCHLUCKEN BEI KINDERN

**ZUSAMMENFASSUNG**

DAS KIND ZUM AUSHUSTEN ERMUNTERN

↓

MUNDRAUM KONTROLLIEREN

↓

5 SCHLÄGE AUF DEN RÜCKEN GEBEN

↓

GGF. 5 STÖSSE AUF DEN BAUCH GEBEN

↓

GGF. 5 STÖSSE AUF DIE BRUST GEBEN (künstlicher Husten)

↓

MUNDRAUM KONTROLLIEREN

↓

ZYKLUS WIEDERHOLEN

**Zustand erkennen** • *plötzliches Umklammern des Halses* • *Kind kann weder sprechen noch atmen* • *evtl. blau anlaufendes Gesicht*

**WIRD** *das Kind zwischendurch bewußtlos, kann es sein, daß sich die Blockierung im Hals löst und die Atmung wieder einsetzt. Bleibt die Atmung auch weiterhin aus, beginnen Sie mit dem Wiederbeleben (s. S. 22), bis Hilfe eintrifft.*

**Verschlucken beim kleinen Kind** Im Grunde müssen Sie dieselben Maßnahmen durchführen wie beim älteren Kind, nur daß Sie sich das Kind dabei über den Schoß legen und auch weniger Kraft einsetzen.

1 Das Kind soll versuchen auszuhusten. Ermuntern Sie es dazu, verlieren Sie damit aber nicht unnötig Zeit. Versichern Sie sich, daß wirklich etwas verschluckt wurde (die Symptome können beim Bronchialasthma ähnlich sein).

Ermuntern Sie das Kind auszuhusten

**Bei älteren Kindern**

**Bei kleineren Kindern**

**MUNDRAUM** kontrollieren

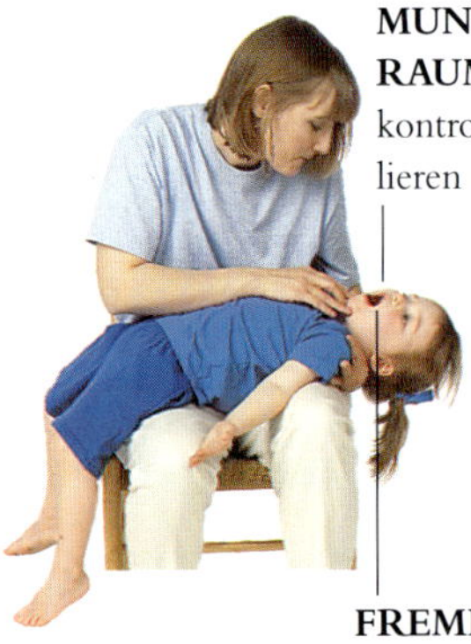

**FREMDKÖRPER** entfernen

2 Kontrollieren Sie den Mundraum. Drücken Sie die Zunge mit einem Finger herunter, um besser sehen zu können. Entfernen Sie Fremdkörper.

**STECKEN** *Sie den Finger nicht blindlings in den Rachen.*

**MUNDRAUM** kontrollieren

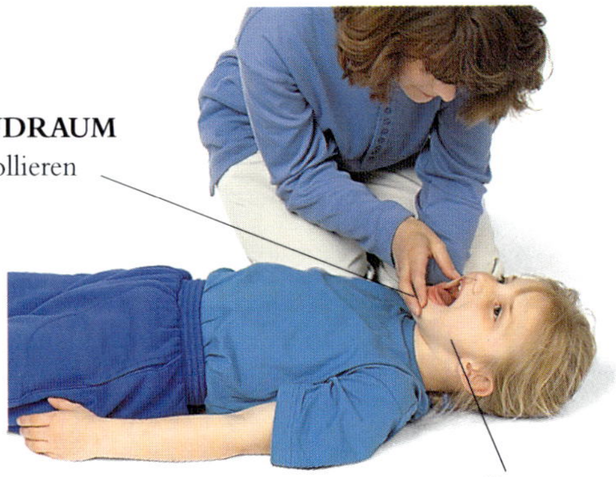

**FREMDKÖRPER** entfernen

## Bei kleineren Kindern

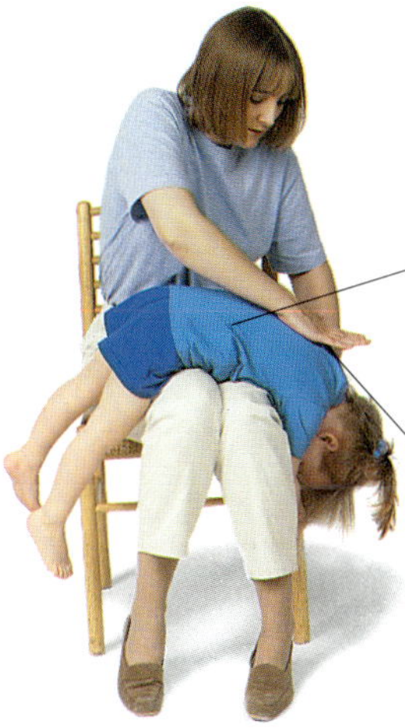


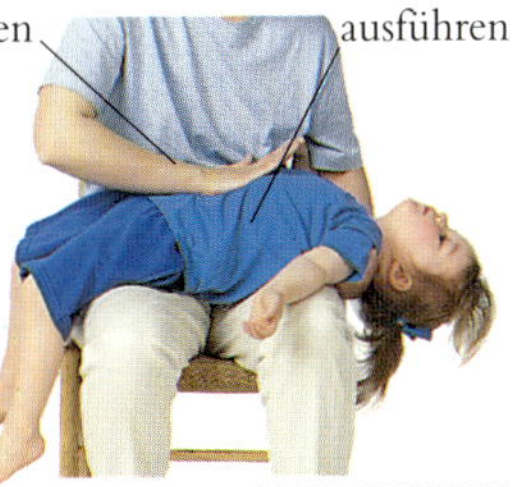


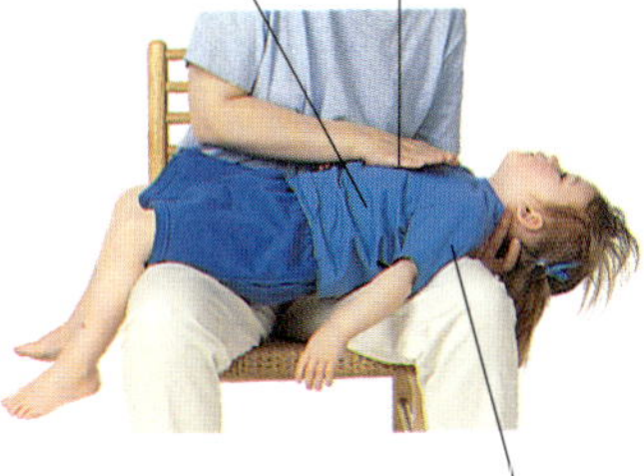


☎ NOTARZT RUFEN

3 Beugen Sie das Kind vornüber. Geben Sie ihm fünf kräftige (!) Schläge zwischen die Schulterblätter.

4 Hat sich die Blockierung nicht gelöst, und ist die Atemnot nicht allzu groß, warten Sie auf den Notarzt. Leidet das Kind unter starker Atemnot, führen Sie die Stöße auf den Bauch aus: Legen Sie den Handballen einer Hand mitten auf den Oberbauch direkt unterhalb des Brustkorbs und stoßen Sie die Hand fünfmal fest nach oben. Kontrollieren Sie den Mundraum.

5 Hat alles andere nichts genutzt, und leidet das Kind unter schwerster Atemnot, legen Sie es als Ultima ratio mit dem Rücken auf eine harte Unterlage ein kleineres Kind über den Schoß. Legen Sie den Handballen auf den Oberbauch, und stoßen Sie fünfmal nach unten.

## Bei älteren Kindern

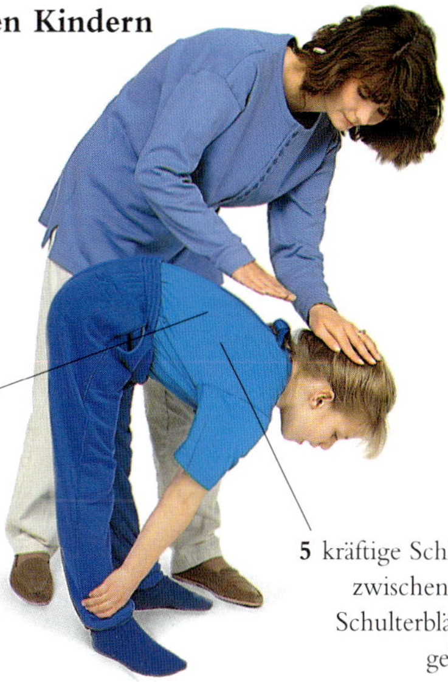


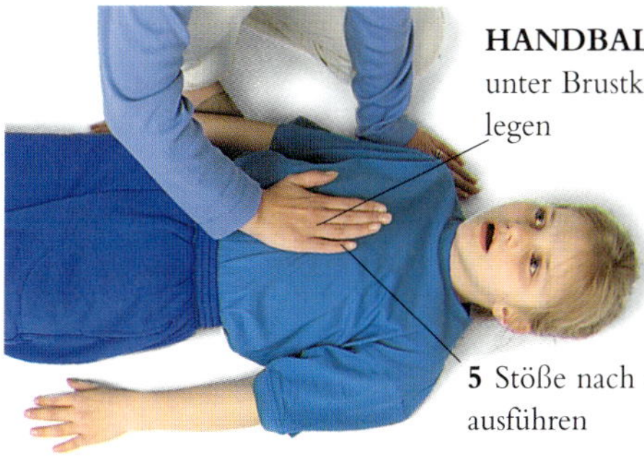


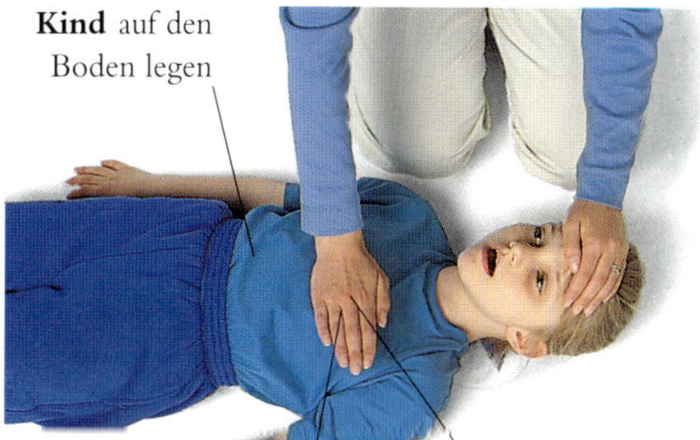


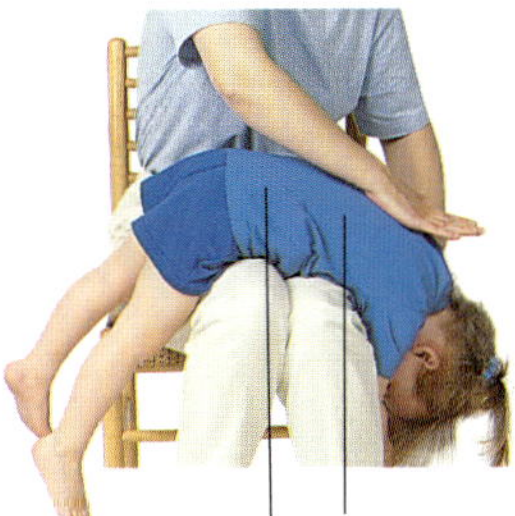


**Wiederholen Sie den Zyklus, bis Hilfe eintrifft oder sich die Blockierung löst.** Machen Sie mit den Schlägen auf den Rücken weiter. Legen Sie ein älteres Kind dabei auf den Boden, ein kleineres über Ihre Beine.

Führen Sie Schritt 4 und 5 erneut aus.

# SCHREIWEINEN

**Schreiweinen erkennen** Anzutreffen ist dieser sog. respiratorische Affektkrampf gewöhnlich nur bei Kindern unter vier Jahren. Das Kind schreit und atmet ein, ohne wieder auszuatmen

- ***Es kann im Gesicht blau anlaufen und steif werden***
- ***Es kann vorübergehend das Bewußtsein verlieren***

Schreiweinen entsteht durch Wut und Frustration. Schütteln Sie das Kind nicht, und versuchen Sie, die Ruhe zu bewahren. Normalerweise fängt es dann wieder von allein zu atmen an. Verliert es das Bewußtsein, s. DAS BEWUSSTLOSE BABY, S.16; DAS BEWUSSTLOSE KIND, S.22.

☎ NOTARZT RUFEN

**HÄLT** *das Kind den Atem an, blasen Sie ihm ins Gesicht. Sie können es auch mit Wasser bespritzen.*

# SCHLUCKAUF

*Ein älteres Kind kann den Schluckauf zu bekämpfen versuchen, indem es vom gegenüberliegenden Rand einer Tasse trinkt.* **DAUERT** *der Schluckauf mehrere Stunden,* ✆ ARZT ANRUFEN, *da er dann unangenehm, erschöpfend und schmerzhaft sein kann.*

**ODER**

Lassen Sie das Kind still dasitzen und den Atem möglichst lang anhalten. Wiederholen, bis der Schluckauf verschwindet.

**ODER**

Halten Sie dem Kind eine Papiertüte so vor das Gesicht, daß es die eigene Atemluft wieder einatmet. Auf diese Weise eine Minute – nicht länger! – atmen lassen

# ERSTICKEN

Hierzu kommt es, wenn das Atmen durch Mund oder Nase unmöglich ist, ein Gewicht auf der Brust oder dem Bauch des Kindes normales Atmen verhindert oder das Kind Rauch oder Dämpfe einatmet.

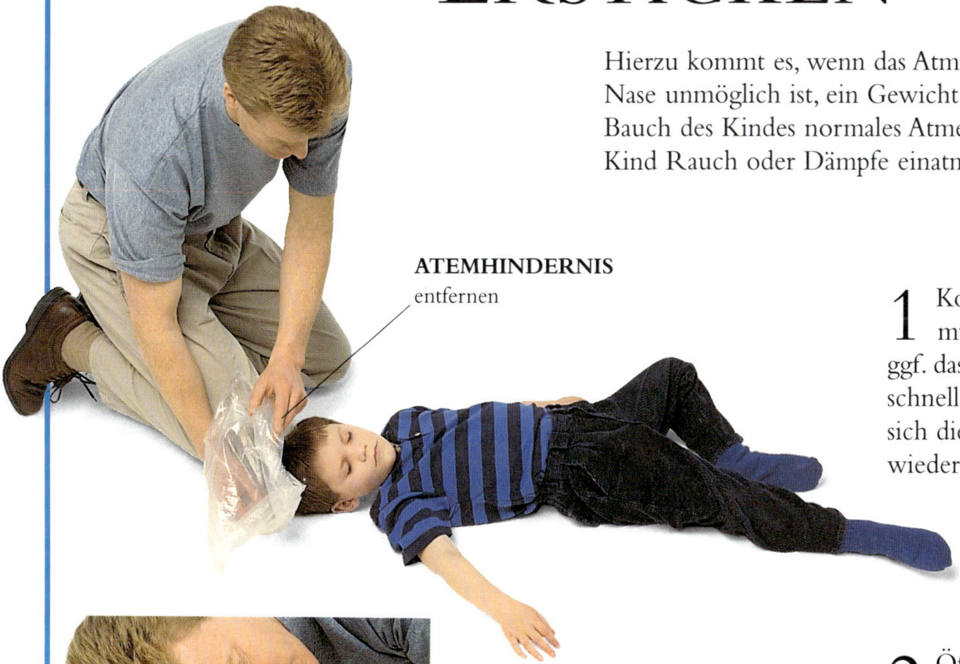


1 Kontrollieren Sie die Atmung, und entfernen Sie ggf. das Atemhindernis möglichst schnell. Möglicherweise stellt sich die Atmung dadurch schon wieder spontan ein.

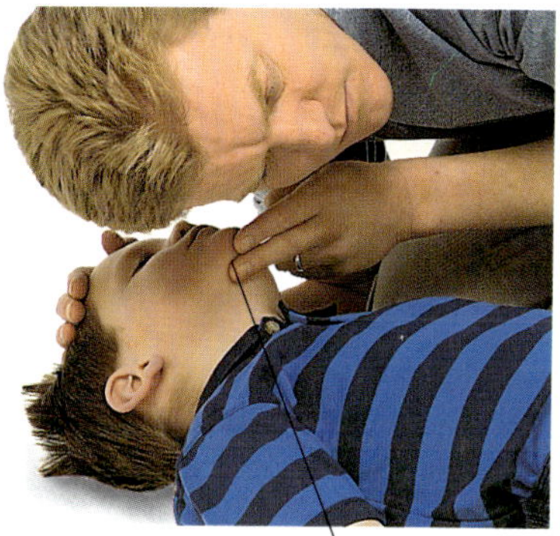


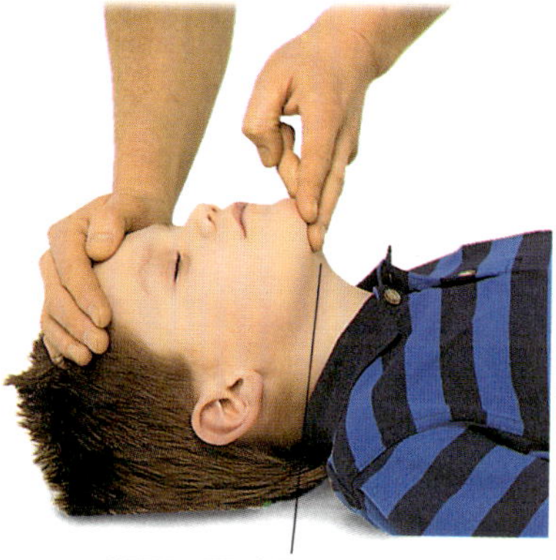


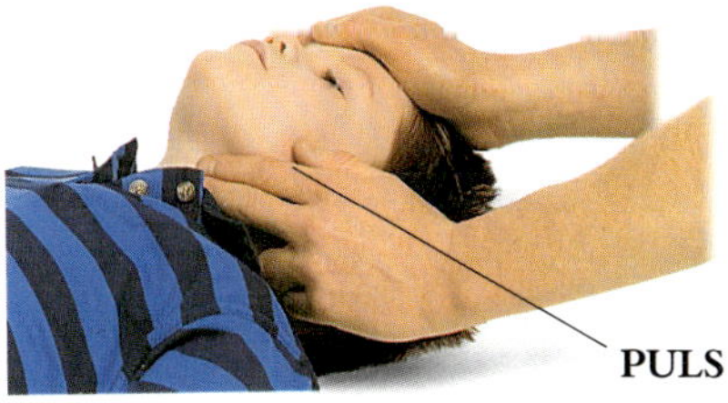


2 Öffnen Sie die Atemwege. Legen Sie zwei Finger unter das Kinn, und heben Sie den Kiefer an. Legen Sie Ihre Hand auf die Stirn, und beugen Sie den Kopf nackenwärts. Kontrollieren Sie die Atmung.

**ATMET** *das Kind* **NICHT**, *s. unter DAS BEWUSSTLOSE BABY, S. 16; DAS BEWUSSTLOSE KIND, S. 22. Bereiten Sie sich aufs Wiederbeleben vor.*

3 Atmet das Kind, bringen Sie es in die STABILE SEITENLAGE (s. S. 24). Kontrollieren Sie Puls und Atmung weiterhin.

☎ NOTARZT RUFEN

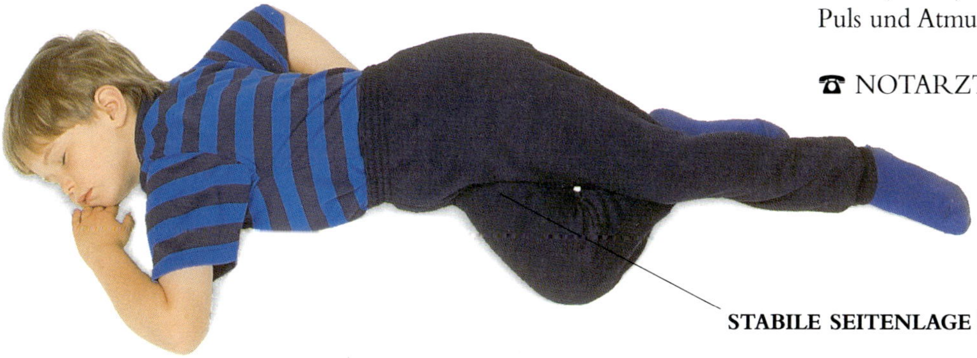

# STRANGULIERUNG

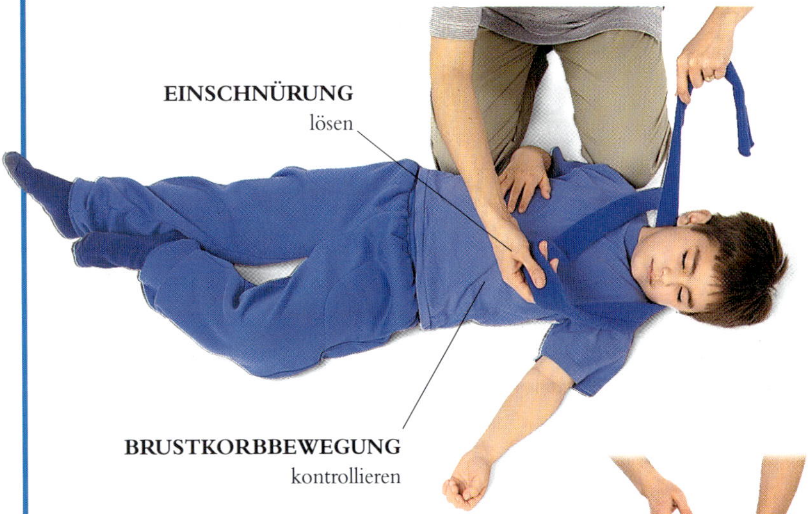


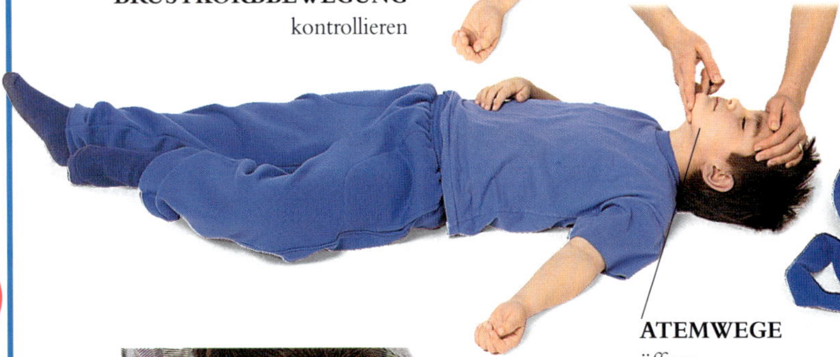


**1** Lösen Sie die Einschnürung unverzüglich vom Hals des Kindes. Benutzen Sie dazu, wenn zur Hand, Schere oder Messer.

> **HÄNGT** *das Kind, stützen Sie seinen Körper ab, während Sie den Strick oder Strang entfernen.*

**2** Kontrollieren Sie die Atmung. Ist sie normal: stabile Seitenlage (s. S. 24). Wenn nicht, dann zwei Finger unter das Kinn legen und den Kiefer anheben. Legen Sie Ihre Hand auf seine Stirn, und beugen Sie den Kopf nackenwärts. Kontrollieren Sie nochmals Puls und Atmung. Besteht Verdacht auf eine Wirbelsäulenverletzung, den Nacken nicht beugen!

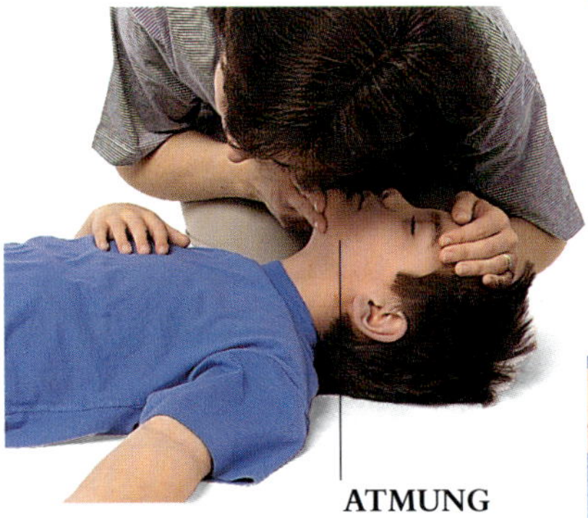


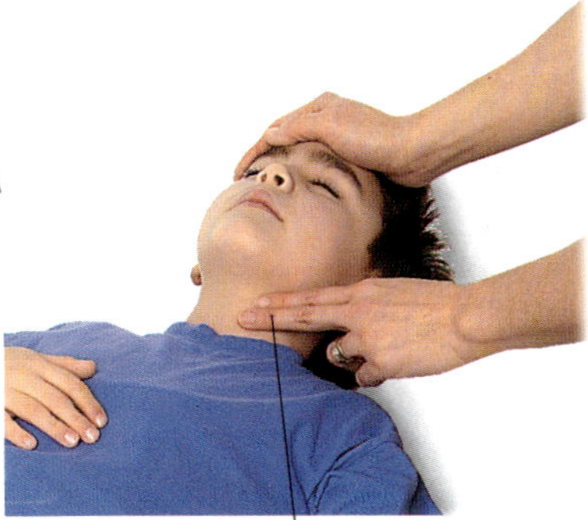


> **ATMET** *das Kind* **NICHT**, *siehe unter DAS BEWUSSTLOSE BABY, S. 16; DAS BEWUSSTLOSE KIND, S. 22. Bereiten Sie sich aufs Wiederbeleben vor.*

**3** Atmet das Kind, bringen Sie es in die STABILE SEITENLAGE (s.S.24). Kontrollieren Sie Puls und Atmung, bis Hilfe eintrifft.

☎ NOTARZT RUFEN

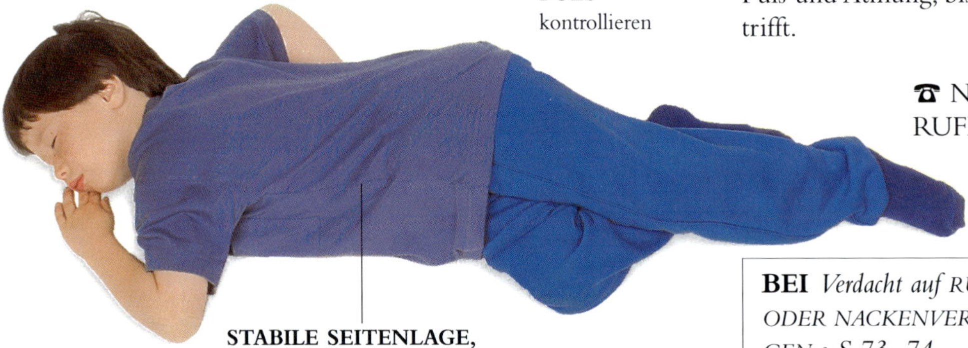


> **BEI** *Verdacht auf RÜCKEN- ODER NACKENVERLETZUNGEN s. S. 73–74.*

# RAUCHVERGIFTUNG

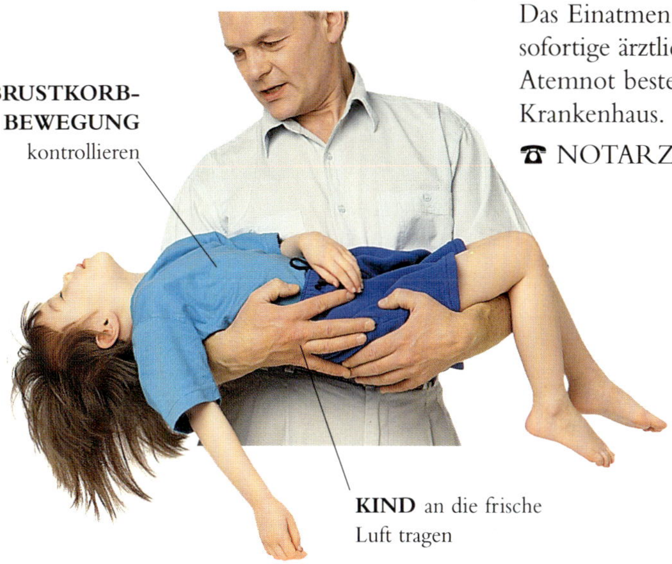


Das Einatmen von Dämpfen, Gas und Rauch macht eine sofortige ärztliche Versorgung notwendig. Auch wenn keine Atemnot besteht, gehört das Kind zur Überwachung ins Krankenhaus.

☎ NOTARZT UND FEUERWEHR RUFEN

1 Tragen Sie das Kind aus dem Gefahrenbereich.

**BEI** *VERBRENNUNGEN s. S. 60.*

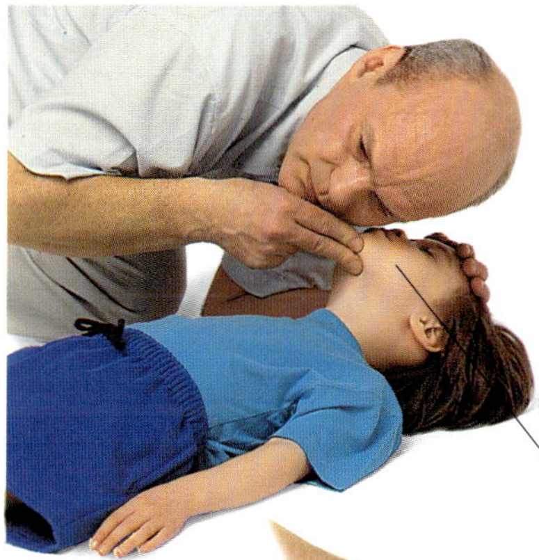


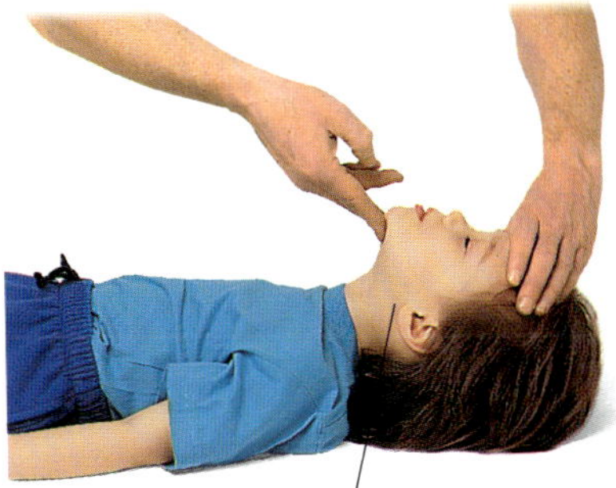


2 Kontrollieren Sie die Atmung. Stellen Sie fest, ob Sie seinen Atem auf Ihrer Wange spüren und ob sich der Brustkorb bewegt.

3 Dann öffnen Sie die Atemwege. Legen Sie zwei Finger unter das Kinn des Kindes, und heben Sie den Kiefer. Legen Sie gleichzeitig die andere Hand auf seine Stirn und beugen den Kopf nackenwärts.

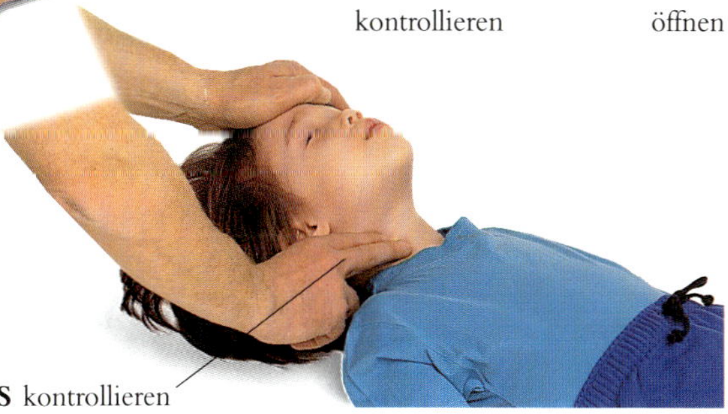


**BEI** *Atemstillstand siehe unter DAS BEWUSSTLOSE BABY, S.16; DAS BEWUSSTLOSE KIND, S.22. Bereiten Sie sich aufs Wiederbeleben vor.*

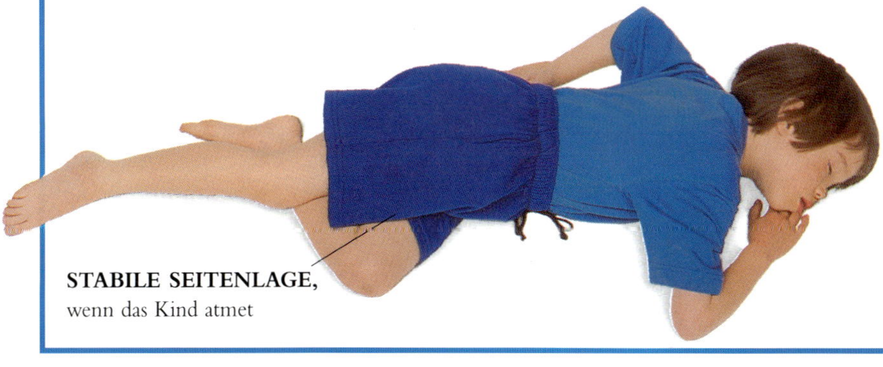


4 Atmet das Kind, bringen Sie es in die STABILE SEITENLAGE (s.S.24) und warten, bis Hilfe eintrifft. Kontrollieren Sie regelmäßig Puls und Atmung.

# KRUPP

**Krupp erkennen** Diese Störung tritt gewöhnlich nachts auf. • *Atemnot, vor allem beim Einatmen* • *kurzer, bellender Husten* • *krächzendes oder pfeifendes Geräusch.*

**Beim schwereren Anfall** • *Kind setzt beim Versuch zu atmen die Muskeln um die Nase herum sowie die Hals- und Oberarmmuskulatur deutlich erkennbar ein* • *blaugefärbte Haut*

**IST** *der Anfall schwer, und kommt er beim älteren Kind vor, besteht die, wenn auch nur geringe Gefahr, daß tatsächlich eine Epiglottitis vorliegt. Das ist dann der Fall, wenn das Kind hohe Temperatur hat und kerzengerade in offensichtlicher Not dasitzt.*

☎ NOTARZT RUFEN

1 Helfen Sie dem Kind, sich im Bett aufzusetzen. Stützen Sie es im Rücken und am Kopf mit Kissen ab, und reden Sie beruhigend auf es ein.

2 Sorgen Sie für feuchte Raumluft; lassen Sie heißes Wasser in die Wanne laufen, oder bringen Sie einen Kessel Wasser in einem geschlossenen Raum zum Kochen. Versuchen Sie das Kind so weit zu entspannen, daß es in dem Dampf ruhig atmet.

**IST** *der Anfall schwer, oder dauert er länger an,*

✆ ARZT ANRUFEN

*Bleiben Sie ruhig: Wenn Sie die Nerven verlieren, können Sie das Kind ängstigen und damit den Anfall noch verschlimmern.*

# ASTHMA

**HINSETZEN** lassen, um Atmung zu erleichtern

ODER

**AUF** den Schoß setzen

**Asthma erkennen** • *Atemnot, oft mit Husten einhergehend* • *Giemendes Geräusch beim Ausatmen* • *Angstzustände* • *Ermüdung durch anstrengendes Atmen* • *Bläulichfärbung von Gesicht und Lippen*

1 Sorgen Sie für einen gut gelüfteten und rauchfreien Raum.

> **BEIM** *ersten Anfall* ✆ ARZT ANRUFEN.
> **BEIM** *schweren Anfall oder wenn das Kind nicht auf die Medikamente anspricht,* ☎ NOTARZT RUFEN

2 Helfen Sie dem Kind, sich zu entspannen. Es soll sich hinsetzen und die Arme auf einen Tisch legen oder sich auf Ihren Schoß setzen. Sagen Sie ihm, daß es die Luft nicht auf einmal auspusten soll, sondern schubweise mit gespitzten Lippen. Nehmen Sie ihm seine Angst durch beruhigendes Zureden.

> **HAT** *Ihr Kind spezielle Asthmamedikamente, setzen Sie diese beim Anfallsgeschehen möglichst früh ein, s. unten.* ✆ ARZT ANRUFEN



## Medikamenteneinnahme

Hat Ihr Kind Asthmamedikamente, dann diese auch einsetzen und sich dabei genau an die Anweisungen halten. Klingt der Anfall dennoch nicht ab, ☎ NOTARZT RUFEN

Zur Asthmabehandlung werden verschiedene Medikamente verschrieben. Machen Sie das Kind mit der Anwendung vertraut, damit es sie im Anfall einzusetzen weiß.

**HELFEN** Sie dem Kind, sein Dosieraerosol richtig anzuwenden

# BLUTUNGEN

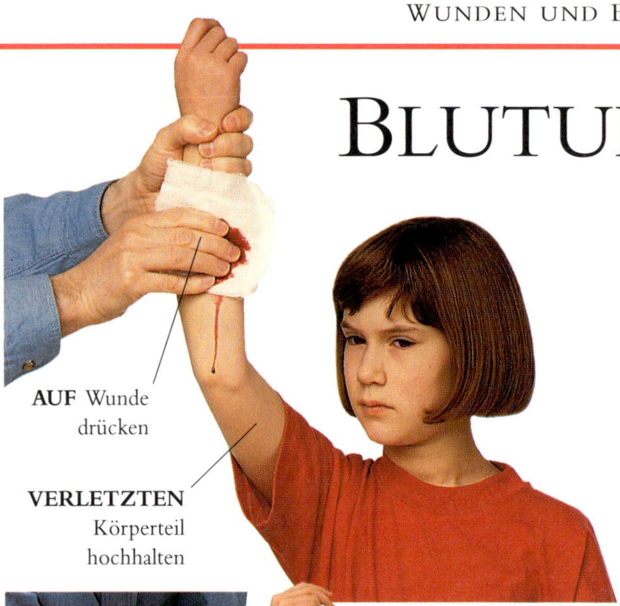


1 Drücken Sie fest auf die Wunde, um die Blutung zu stoppen. Pressen Sie eine saubere Kompresse oder ein Taschentuch direkt auf die Wunde. Der verletzte Körperteil muß über Herzniveau gehalten werden.

> **SITZT** *ein Fremdkörper in der Wunde,* *s. FREMDKÖRPER IN DER WUNDE, S. 48.*

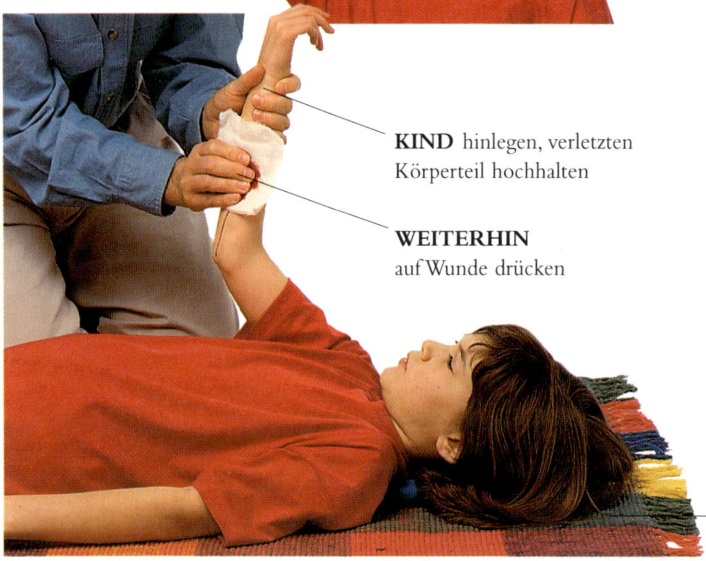


2 Legen Sie das Kind hin, den Kopf flach auf den Boden, und halten Sie den verletzten Teil über den Kopf. Drücken Sie auf die Wunde, bis die Blutung aufhört.

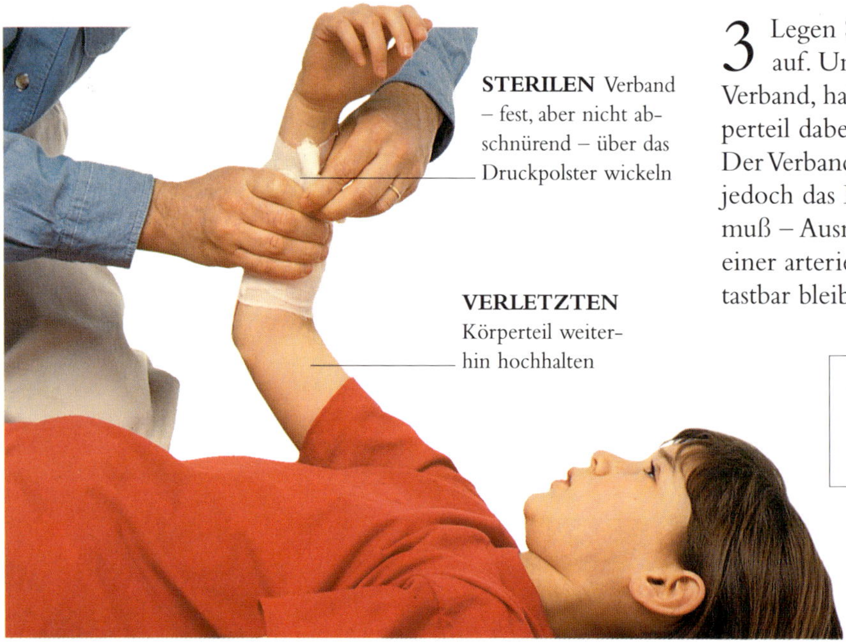


3 Legen Sie eine sterile Wundauflage auf. Umwickeln Sie diese mit einem Verband, halten Sie den verletzten Körperteil dabei aber weiterhin in die Höhe. Der Verband sollte zwar fest sitzen, nicht jedoch das Blut abschnüren. Der Puls muß – Ausnahme bei der Versorgung einer arteriellen, spritzenden Blutung – tastbar bleiben.

> **SICKERT** *Blut durch den Verband, legen Sie einen weiteren Druckpolsterverband an.*

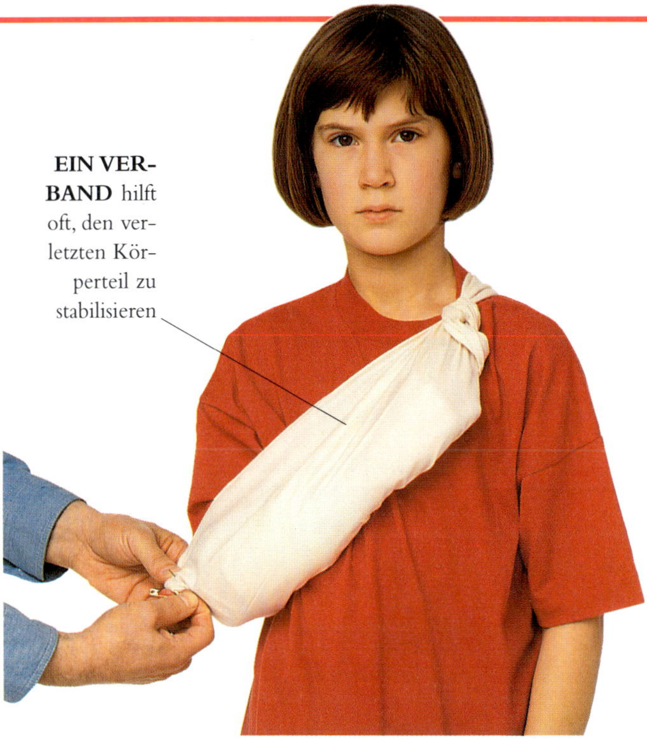

**EIN VERBAND** hilft oft, den verletzten Körperteil zu stabilisieren

4 Sie können nach der Blutstillung einen Verband anlegen, notwendig ist er meist nicht.

✚ KIND ZUM KRANKENHAUS FAHREN

**BLEIBT** *die Blutung bestehen, behandeln Sie gegen* SCHOCK, *s. unten.*
☎ NOTARZT RUFEN

*Bekommen Sie die Blutung unter Kontrolle, lassen Sie das Kind aufstehen, wobei der verletzte Teil weiterhin über Herzniveau gehalten wird.*

## Schock

1 Läßt sich die Blutung nicht stillen, heben Sie die Beine des Kindes an, und lagern Sie sie auf Kissen.

☎ NOTARZT RUFEN

2 Lockern Sie engsitzende Kleidung, und wärmen Sie das Kind mit einer Decke. Ist es durstig, benetzen Sie seine Lippen mit Wasser. Geben Sie ihm nur zu trinken, wenn es das Glas selbst zum Mund führen kann. (Mehr zum Thema SCHOCK s. S. 30–31).

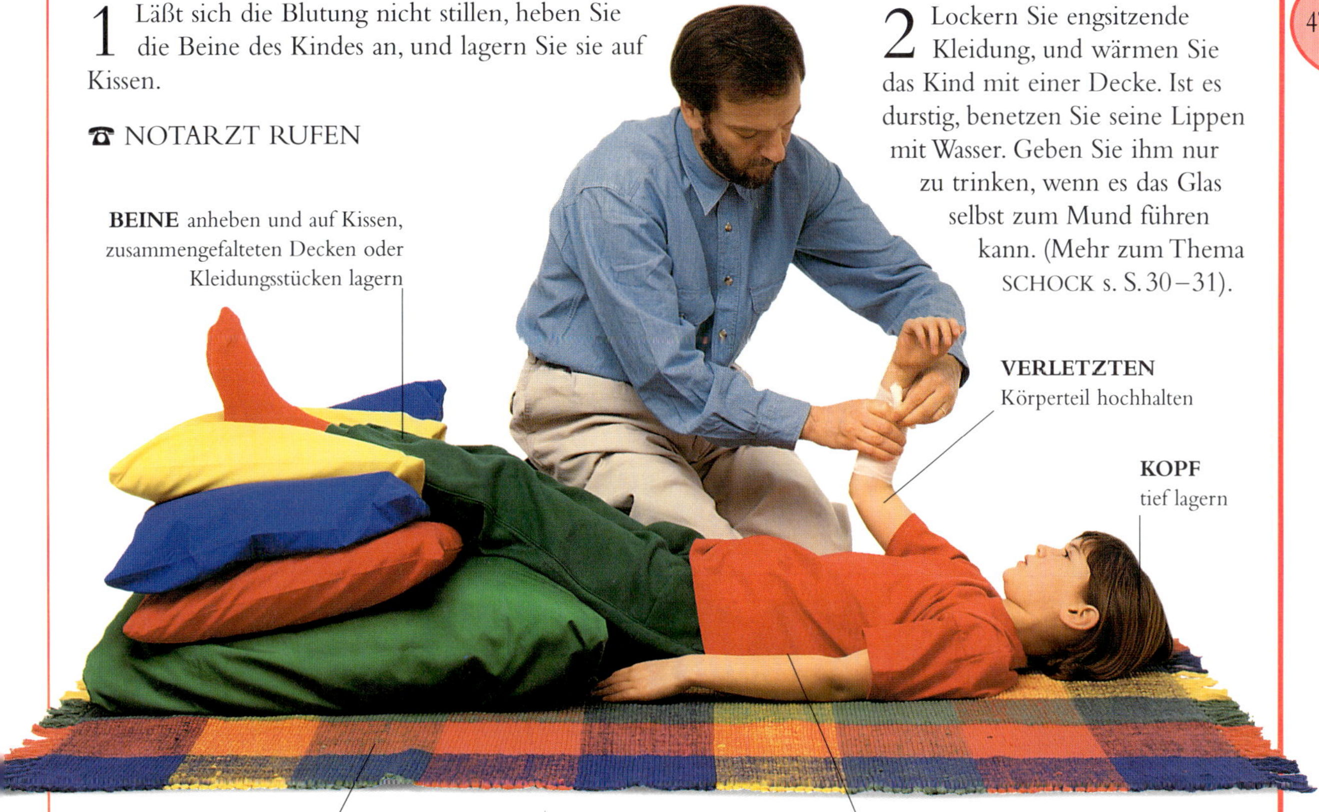

**BEINE** anheben und auf Kissen, zusammengefalteten Decken oder Kleidungsstücken lagern

**VERLETZTEN** Körperteil hochhalten

**KOPF** tief lagern

**KIND** auf Teppich oder Decke legen

**ENGSITZENDE** Kleidung lockern

# FREMDKÖRPER IN DER WUNDE

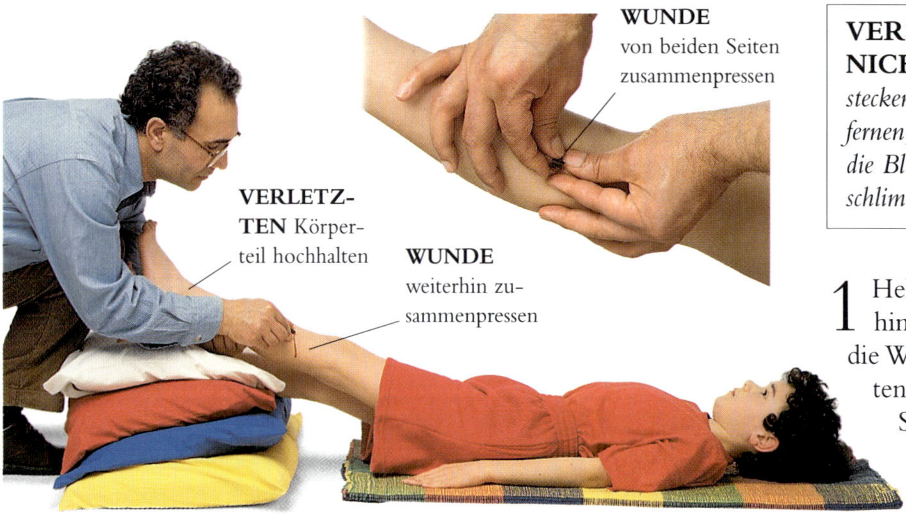

**WUNDE** von beiden Seiten zusammenpressen

**VERLETZTEN** Körperteil hochhalten

**WUNDE** weiterhin zusammenpressen

**VERSUCHEN SIE NICHT,** *in einer Wunde steckende Fremdkörper zu entfernen, da die Verletzung und die Blutung dadurch noch schlimmer werden können.*

1 Helfen Sie dem Kind, sich hinzulegen. Drücken Sie die Wunde von beiden Seiten zusammen, und heben Sie den verletzten Körperteil über Herzniveau.

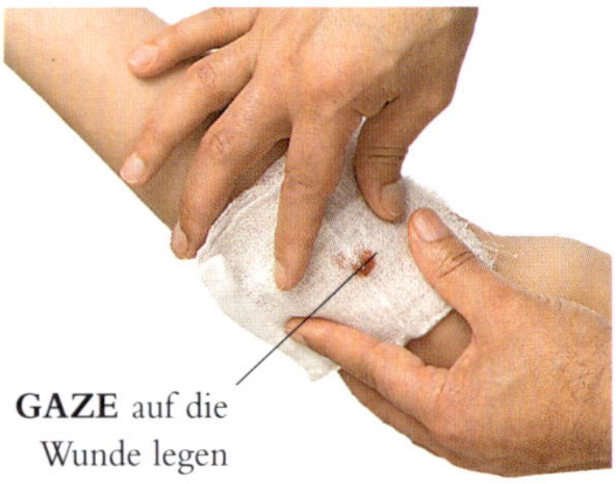

**GAZE** auf die Wunde legen

2 Legen Sie ein Stück Gaze auf Wunde und Fremdkörper, um die Infektionsgefahr zu senken.

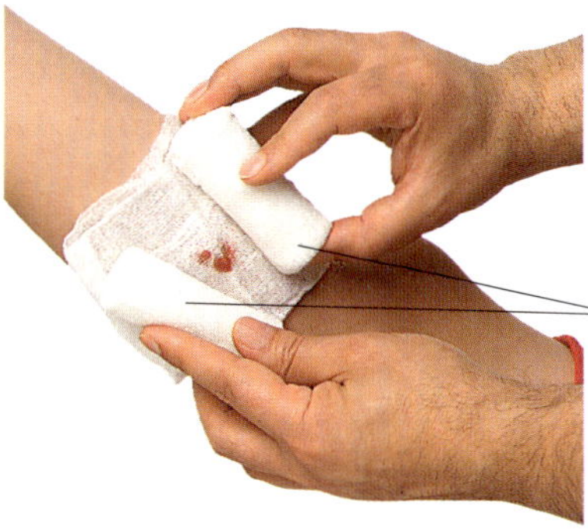

**POLSTER** um den Fremdkörper legen

3 Bilden Sie mit Verbandsrollen ein Polster, das genauso hoch ist wie der Fremdkörper.

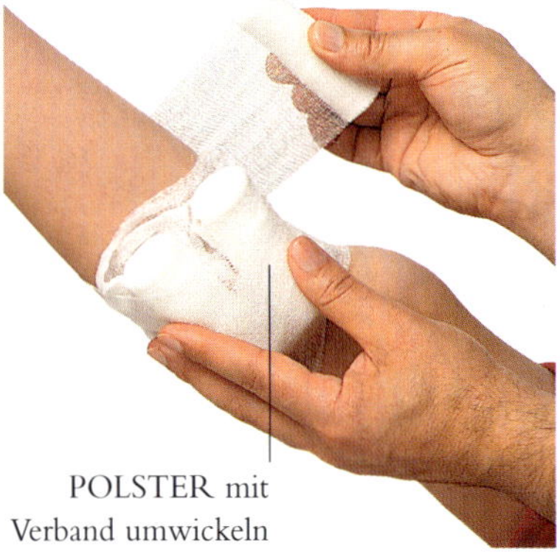

POLSTER mit Verband umwickeln

4 Umwickeln Sie das Polster mit einem Verband, ohne dabei den Fremdkörper in die Wunde zu drücken.

✚ KIND INS KRANKENHAUS FAHREN

## Größere Fremdkörper

**FREMDKÖRPER** abpolstern

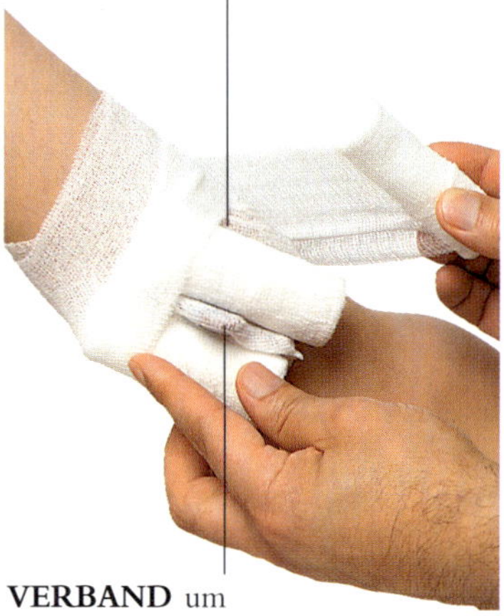

**VERBAND** um den Fremdkörper herum anlegen

**POLSTERN** *Sie größere Fremdkörper rundherum ab, und fixieren Sie die Polster mit einem Verband ober- und unterhalb des Fremdkörpers.*

# SCHNITT- UND SCHÜRFWUNDEN

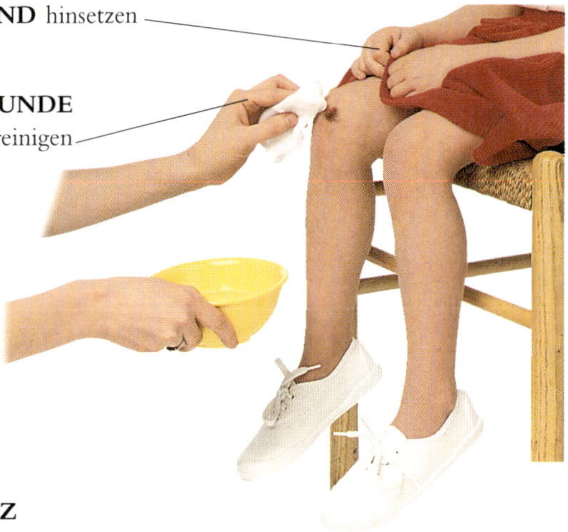


1 Setzen Sie Ihr Kind hin, und reinigen Sie die Schürfwunde vorsichtig mit warmem Wasser und einem Mullkissen oder einem ganz weichen Pinsel. Desinfizieren Sie die Wunde.

> **Tetanus:** *Wie lange liegt die letzte Impfung zurück? Gehen Sie mit dem Kind ggf. zum Kinderarzt.*

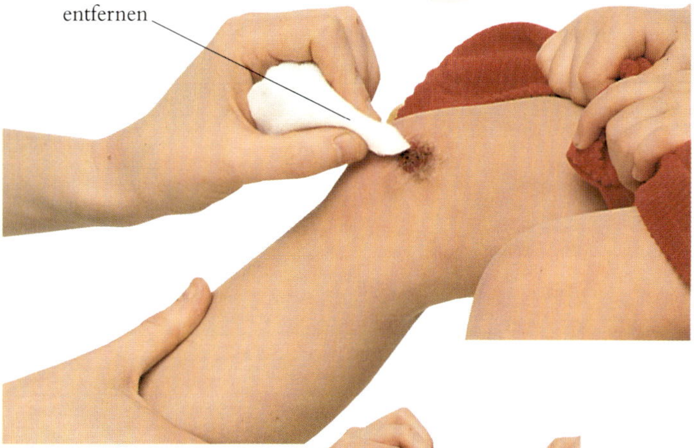


2 Versuchen Sie, Schmutzpartikelchen oder Steinchen vorsichtig zu entfernen. Dadurch kann es erneut zu einer kleinen Blutung kommen.

> **LASSEN** *sich Schmutzpartikelchen nicht aus der Wunde entfernen,*
> ✚ KIND INS KRANKENHAUS FAHREN
> *Eine Behandlung verhindert den sogenannten Tätowierungseffekt, der bei Abheilen einer Wunde mit Schmutzpartikelchen entstehen kann.*

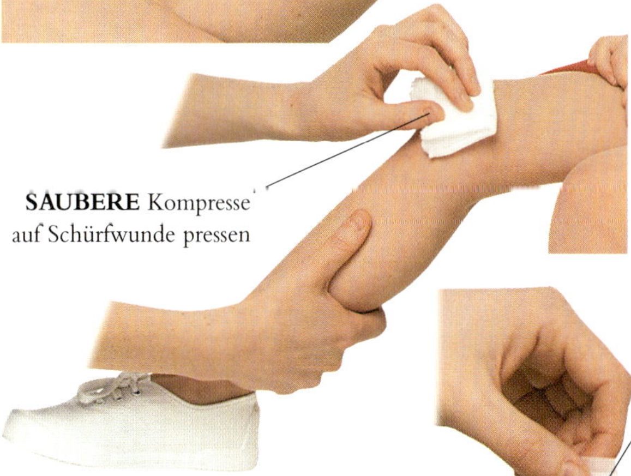


3 Pressen Sie eine saubere Kompresse auf die Wunde, um die Blutung zu stoppen.

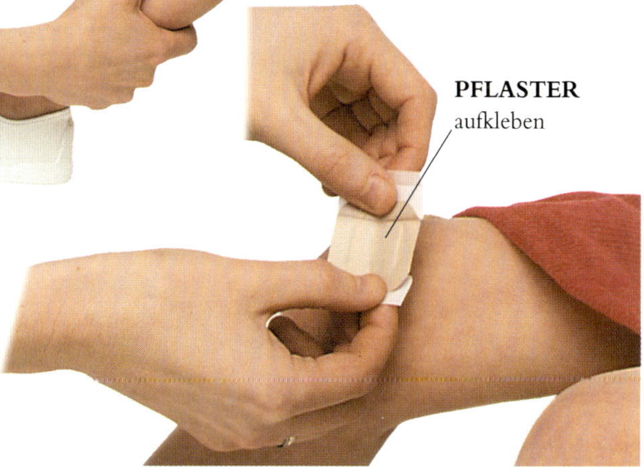


4 Kleben Sie ein Pflaster auf, dessen Wundauflage groß genug ist, um Wunde und angrenzende Region zu bedecken.

> **Legen** *Sie auf Schnittwunden weder Watte noch andere flusige Materialien, die auf der Wunde haftenbleiben oder den Heilungsprozeß verzögern können.*

# WUNDINFEKTION

**Eine Wundinfektion erkennen**
• *zunehmende Schmerzen* • *Anschwellen, Rötung und Hitzegefühl im Wundbereich* • *Eitern oder Nässen der Wunde* • *geschwollene und schmerzhafte Lymphdrüsen an Hals, Achselhöhle oder Leiste*
• *hellrote Hautverfärbungen im Lymphdrüsenbereich*
Bei bereits fortgeschrittener Infektion
• *Fiebersymptome wie Schweißausbrüche, Durst, Schüttelfrost und Abgeschlagenheit.*

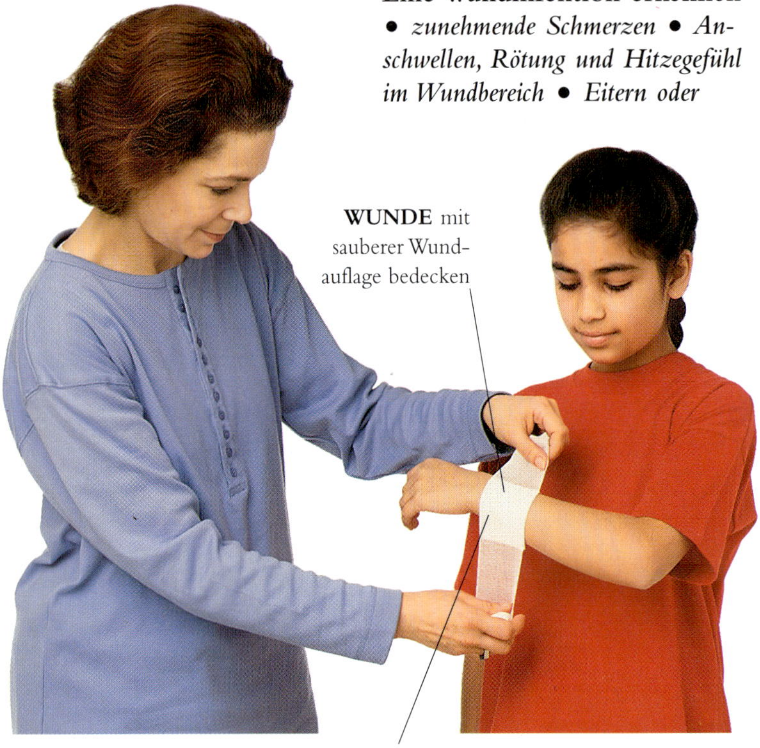

**WUNDE** mit sauberer Wundauflage bedecken

**MIT** Verband umwickeln

1 Bedecken Sie die Wunde mit einer sauberen, fuselfreien Kompresse oder einer sterilen Wundauflage, und umwickeln Sie sie mit einem Verband.

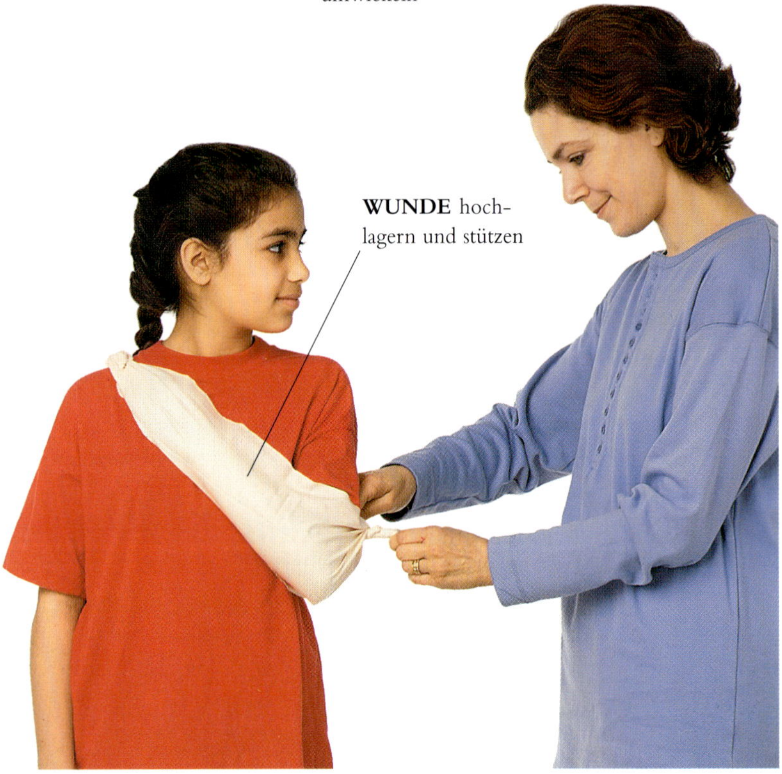

**WUNDE** hochlagern und stützen

2 Lagern Sie den infizierten Wundbereich hoch, etwa mit Hilfe eines Verbands.

✆ ARZT ANRUFEN

**TETANUS** *ist eine gefährliche Infektionskrankheit, die meist durch Wundkontakt mit verunreinigter Erde entsteht. Sind die Tetanusbazillen in der Wunde, setzen sie ein Toxin ins Nervensystem frei. Den besten Schutz gegen Wundstarrkrampf bietet die Schutzimpfung. Diese ist bei Säuglingen Bestandteil der Grundimmunisierung und sollte ohne Verletzungsfall alle zehn Jahre aufgefrischt werden.*

# BLASEN

**MIT** Wasser und Seife reinigen

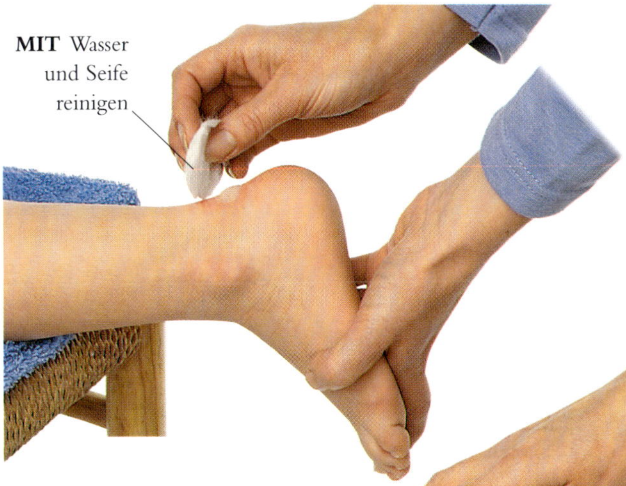

1 Reinigen Sie die Blase gründlich mit Wasser und Seife, und spülen Sie sie mit klarem Wasser ab.

**BEI** *Brandblasen siehe unter VERBRENNUNGEN UND VERBRÜHUNGEN, S. 60.*

**MIT** sauberer Kompresse trocknen

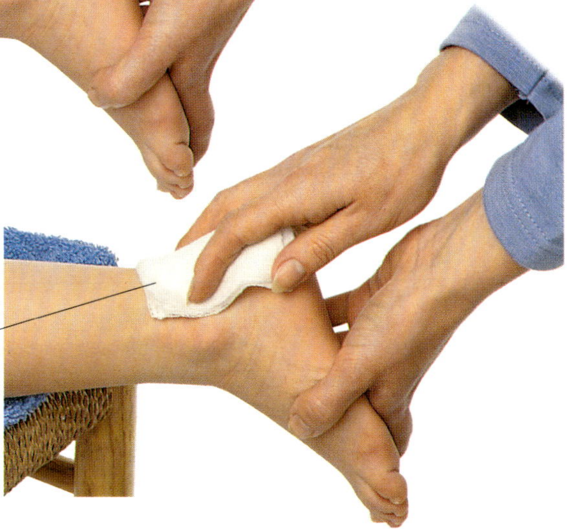

2 Trocknen Sie die Blase und die angrenzende Haut gründlich, aber vorsichtig mit einer sauberen Kompresse ab.

**GUTSITZENDES** Pflaster aufkleben

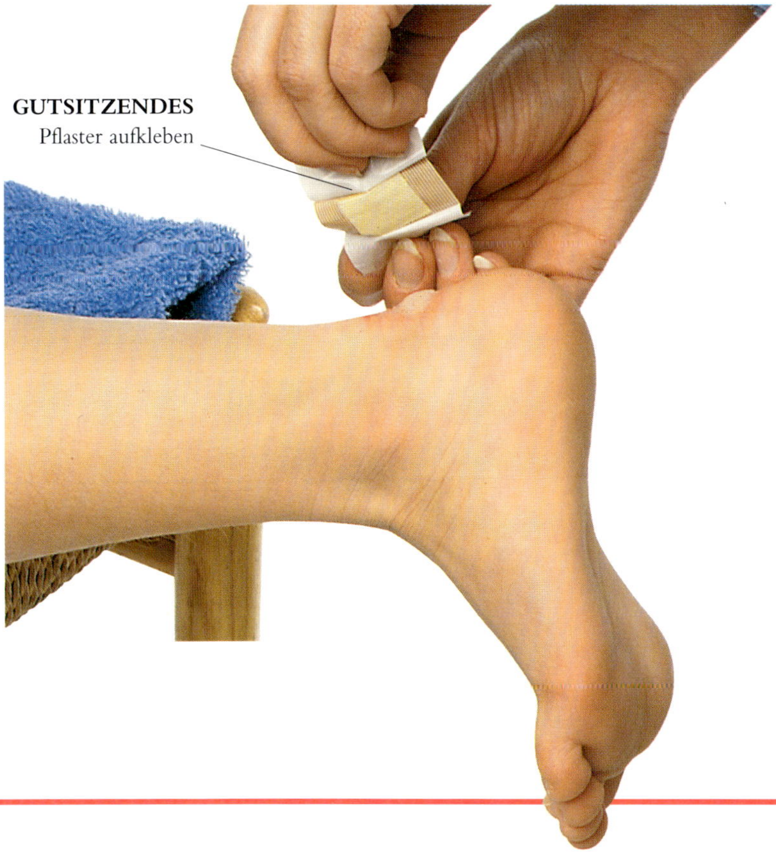

3 Kleben Sie ein Pflaster auf die Blase. Achten Sie darauf, daß es gut sitzt. Die Wundauflage des Pflasters muß groß genug sein, um die gesamte Blase abzudecken.

**AUF** *sehr große Blasen legen Sie eine saubere, fuselfreie Wundauflage, die Sie mit einem Heftpflaster oder einem Verband fixieren. Öffnen Sie eine Blase niemals vorsätzlich, da sie sich infizieren könnte.*

# AUGENVERLETZUNGEN

**BEI** *FREMDKÖRPER IM AUGE, s. S. 86.*
*Versuchen Sie nicht, den Fremdkörper zu entfernen.*
**BEI** *VERÄTZUNGEN AM AUGE, s. S. 64.*

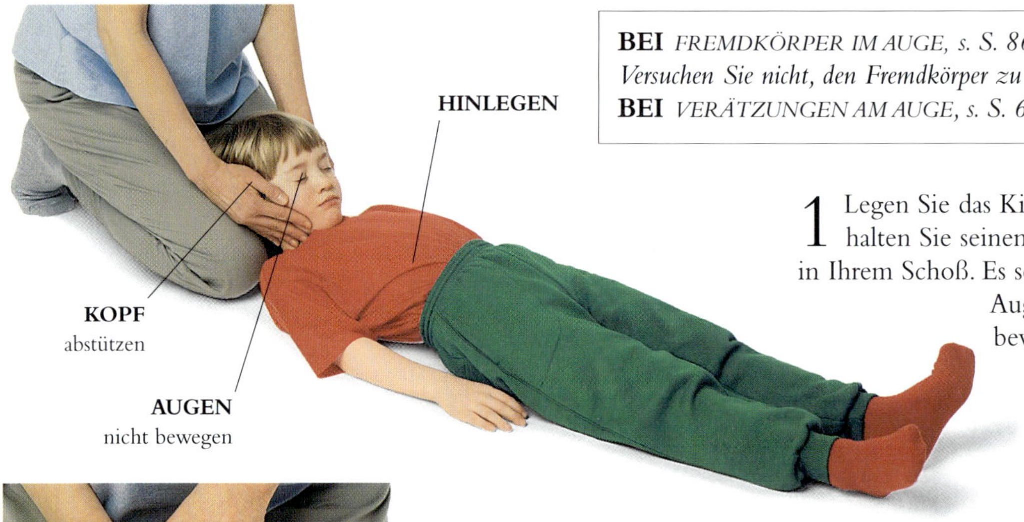


1 Legen Sie das Kind hin, und halten Sie seinen Kopf ruhig in Ihrem Schoß. Es soll die Augen nicht bewegen.

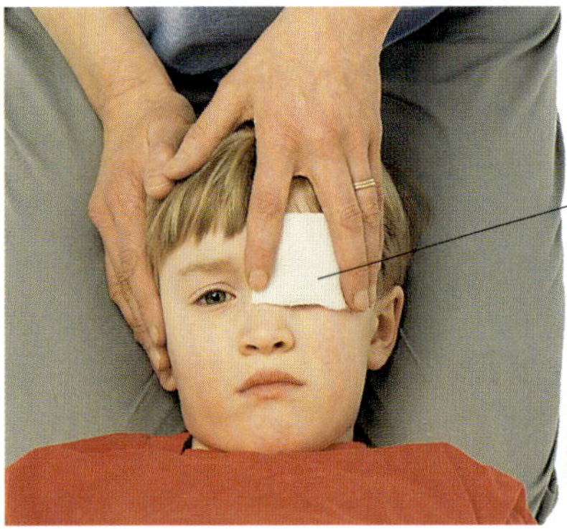


2 Reden Sie beruhigend auf das Kind ein, und legen Sie eine Augenkompresse oder eine sterile Wundauflage auf das verletzte Auge. Fixieren Sie die Kompresse.

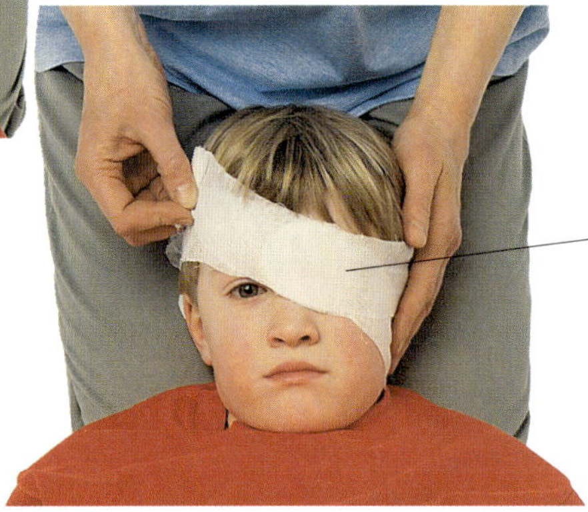


3 Verbinden Sie beide Augen, da sich bei Bewegung des gesunden Auges das verletzte unweigerlich mitbewegt.

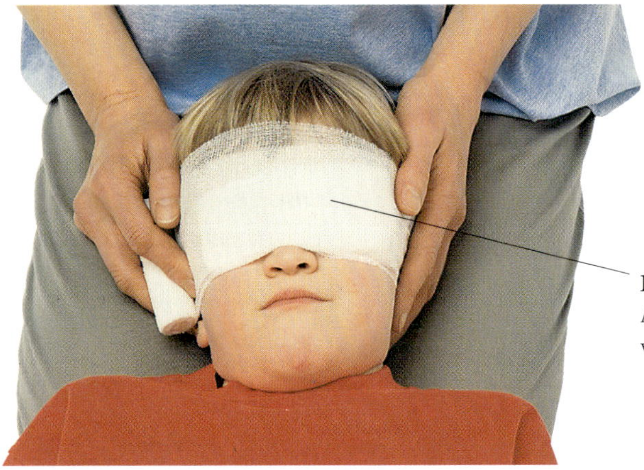


☎ NOTARZT RUFEN ODER
✚ KIND INS KRANKENHAUS FAHREN
*Lassen Sie es weiter auf dem Rücken liegen.*

# NASENBLUTEN

1 Setzen Sie das Kind mit vornübergebeugtem Kopf hin. Lassen Sie es durch den Mund atmen, und drücken Sie die Nasenflügel zehn Minuten lang zu.

> **BEI** *wäßrigem Nasenausfluß nach einer KOPFVERLETZUNG (s. S. 71)*
> ✚ KIND INS KRANKENHAUS FAHREN

2 Lassen Sie das Kind allen Speichel ausspucken. Ist die Blutung noch nicht gestillt, drücken Sie die Nasenflügel nochmals zehn Minuten zusammen. Blutet die Nase immer noch, wiederholen Sie den Vorgang. Ein mit kaltem Wasser getränktes Tuch oder ein Eisbeutel im Nacken helfen ebenfalls, die Blutung zu stillen.

> **DAUERT** *das Nasenbluten länger als 20 Minuten,*
> ✚ KIND INS KRANKENHAUS FAHREN

3 Ist die Blutung gestillt, reinigen Sie mit einem in lauwarmes Wasser getupften Wattebausch Mund- und Nasenregion. Lassen Sie das Kind noch weiter stillsitzen. Nasenbohren oder -putzen innerhalb der nächsten Stunden würden eine neuerliche Blutung auslösen.

> *Wenn Ihr Kind häufig unter Nasenbluten zu leiden hat, ist möglicherweise eine Erkrankung die Ursache dafür. Suchen Sie dann besser einen Kinderarzt auf.*

# OHR

## Blutungen aus dem Ohr

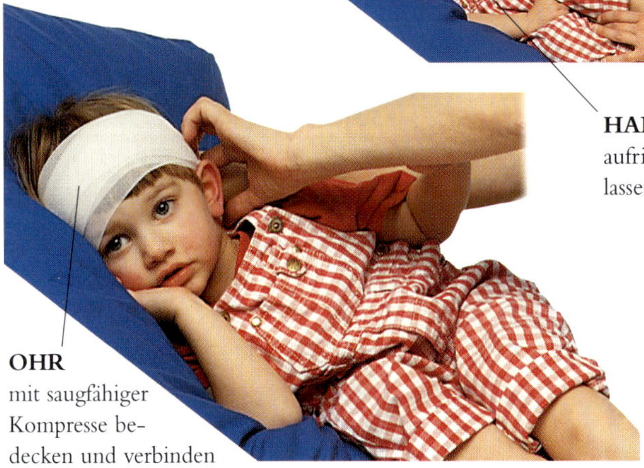

**KOPF** gebeugt halten, um Blut ablaufen zu lassen

**HALB** aufrichen lassen

**OHR** mit saugfähiger Kompresse bedecken und verbinden

1 Helfen Sie dem Kind, sich halb aufzusetzen. Der Kopf soll dabei zur verletzten Seite hin gebeugt werden, damit das Blut ablaufen kann.

2 Legen Sie eine saugfähige Kompresse auf das Ohr, und umwickeln Sie sie locker mit einem Verband. Tamponieren Sie das Ohr nicht.

✆ ARZT ANRUFEN

> **IST** *die Blutung Folge einer* KOPFVERLETZUNG *(s. S. 71), und ist der Ausfluß aus dem Ohr dünn und wäßrig,*
> ☎ NOTARZT RUFEN



## Äußere Blutungen

**WUNDE** mit einer sauberen Kompresse zehn Minuten zusammenpressen

1 Drücken Sie die Wunde zehn Minuten lang vorsichtig mit einem Stück Gaze zusammen.

2 Bedecken Sie das Ohr mit einer sterilen Wundauflage, und verbinden Sie das Ganze locker.

✆ ARZT ANRUFEN

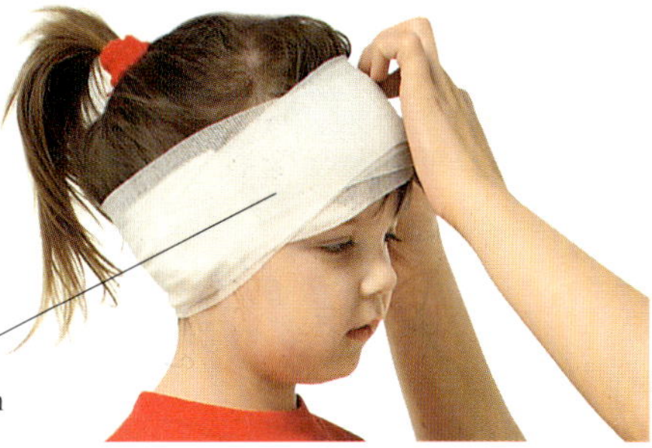

**VERBAND** darüberwickeln

> **IST** *ein ausgerissener Ohrring Ursache der Verletzung, muß die Wunde vielleicht genäht werden.*
> ✚ KIND INS KRANKENHAUS FAHREN

# MUNDVERLETZUNGEN

**ÜBER** eine Schüssel beugen lassen

**WASCHEN** *Sie den Mund nicht aus, da dies den Wundverschluß beeinträchtigen kann.*

**WUNDE** mit einer sauberen Kompresse zehn Minuten lang zusammenpressen

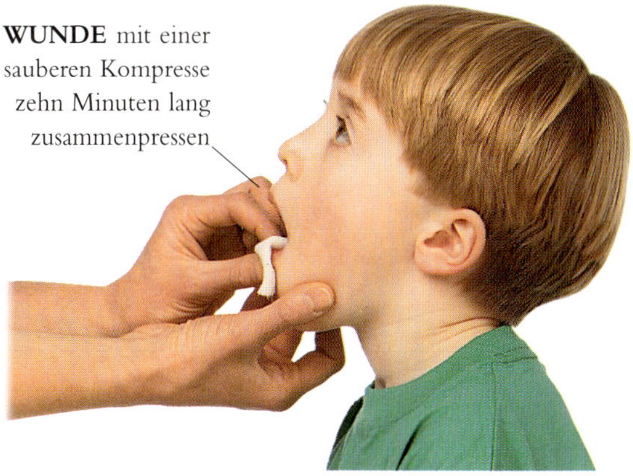

1 Lassen Sie das Kind sich hinsetzen und den Kopf über eine Schüssel beugen, in die das Blut ablaufen kann.

2 Pressen Sie die Wunde zehn Minuten lang mit einer sauberen Kompresse zwischen Daumen und Zeigefinger zusammen.



## Ausgeschlagener Zahn

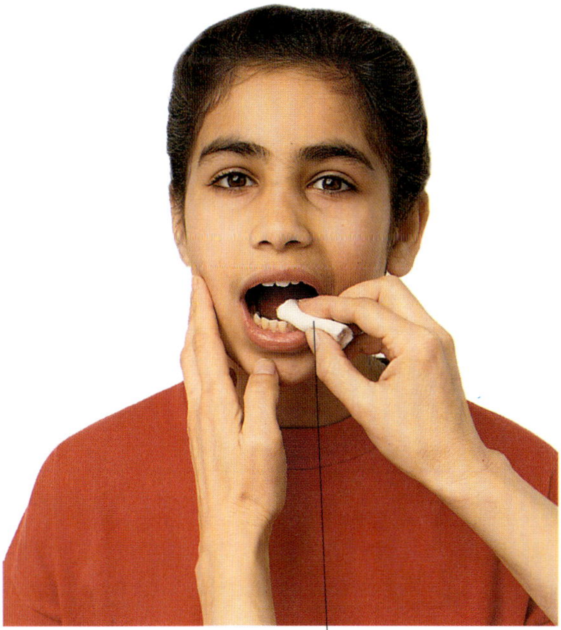

**HALTEN** Sie eine Kompresse auf den Zahnstumpf

**EIN »ERWACHSENEN«-ZAHN** *läßt sich wieder implantieren. Säubern Sie ihn nicht. Legen Sie den Zahn in Milch.*

✚ KIND INS KRANKENHAUS FAHREN

1 Legen Sie eine Kompresse so auf den Zahnstumpf, daß das Kind daraufbeißen kann.

2 Lassen Sie das Kind sich hinsetzen, den Kiefer mit der Hand stützen und fest auf die Kompresse beißen. Bei jüngeren Kindern werden Sie die Kompresse festhalten müssen.

**MILCHZÄHNE** *lassen sich nicht reimplantieren. Versuchen Sie dennoch, den Zahn zu finden, um sicherzustellen, daß er weder inhaliert noch verschluckt wurde. Lassen Sie den Kiefer vom Zahnarzt untersuchen.*

# AMPUTIERTE GLIEDMASSE

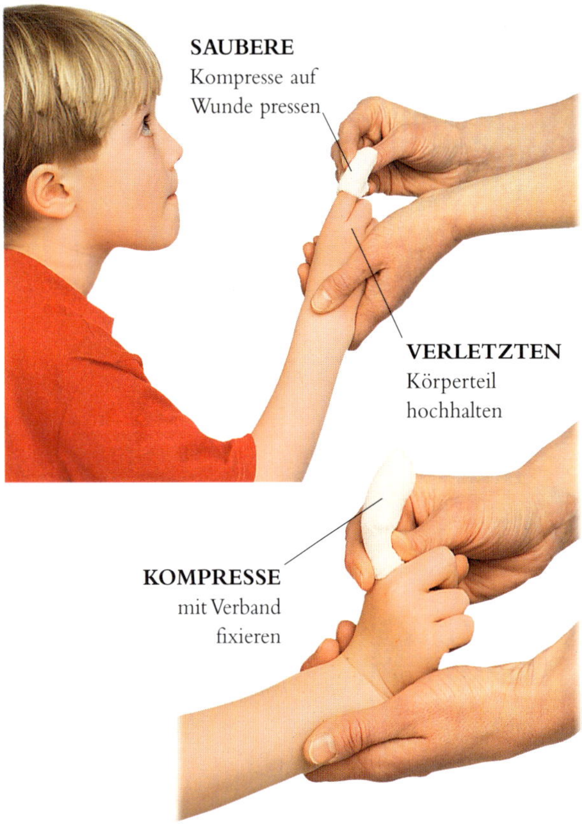


1 Kontrollieren Sie den Blutverlust, indem Sie fest mit einer sterilen Wundauflage oder einer sauberen Kompresse auf die Verletzung drücken. Halten Sie das verletzte Körperteil über Herzniveau.

**NEHMEN** *Sie* **KEINE** *Abschnürbinde.*

2 Fixieren Sie die Kompresse mit einem Tape- oder normalen Verband. Bei Verletzungen am Finger können Sie mit einer Fingermullbinde arbeiten.

☎ NOTARZT RUFEN und angeben, daß es sich um eine Amputation handelt.

**SIE** *müssen das Kind möglicherweise gegen SCHOCK (s. S.30) und BLUTUNGEN (s. S. 46) behandeln.*

## Aufbewahrung des Amputats

**MANCHMAL** *läßt sich der amputierte Körperteil mit Hilfe der Mikrochirurgie replantieren – je schneller Kind und Amputat im Krankenhaus eintreffen, um so besser.* **WASCHEN** *Sie* **NIEMALS** *das Amputat ab oder bringen es in direkten Kontakt mit Eis.* **BRINGEN** *Sie* **NIEMALS** *Watte auf blutige Oberflächen.*

1 Wickeln Sie das Amputat in trockenes steriles Verbandtuch ein – nicht säubern, nicht abwaschen.

2 Packen Sie das Ganze in einen wasserdichten Plastikbeutel.

3 Geben Sie diesen Plastikbeutel in einen zweiten größeren Plastikbeutel, der mit Wasser und Eiswürfeln aus dem Kühlschrank gefüllt ist. Kleben Sie einen Aufkleber mit dem Namen des Kindes und dem Zeitpunkt der Verletzung auf den Beutel, und geben Sie ihn bei Eintreffen dem Notarzt.

# INNERE BLUTUNGEN

Verdacht hierauf besteht, wenn Schocksymptome ohne sichtbaren Blutverlust auftreten.

**Innere Blutungen erkennen** • *blaßgraue, kaltschweißige Haut* • *schneller, schwächer werdender Puls* • *flache, schnelle Atmung* • *Unruhe, Gähnen und Seufzen* • *Durst* • *möglicherweise Bewußtlosigkeit.*

☎ NOTARZT RUFEN

Nach einer schweren Verletzung können auftreten:

- ***Blutungen aus Körperöffnungen – merken Sie sich, wie diese aussehen, und versuchen Sie, eine Probe davon mit zum Krankenhaus zu nehmen.***

*Siehe KOPFVERLETZUNGEN (S. 71), SCHOCK (S. 30)*

**VERLIERT** *das Kind das Bewußtsein, kontrollieren Sie seine Vitalfunktionen (s. DAS BEWUSSTLOSE BABY, S. 16; DAS BEWUSSTLOSE KIND, S. 22). Bereiten Sie sich aufs Wiederbeleben vor. Atmet es, bringen Sie es in die STABILE SEITENLAGE (S. 24).*

Legen Sie das Kind hin, und lagern Sie die Beine hoch. Kontrollieren Sie Puls und Atmung.

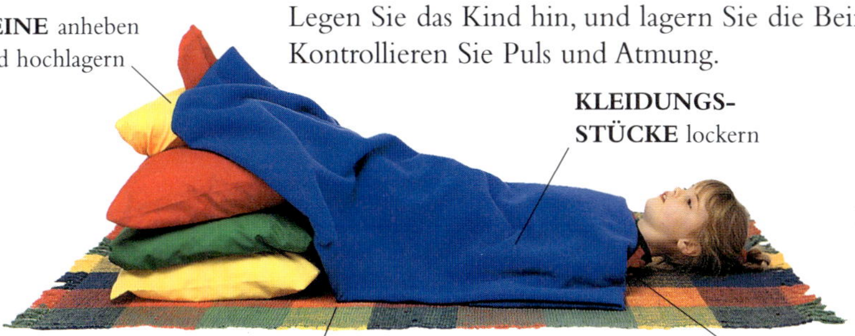


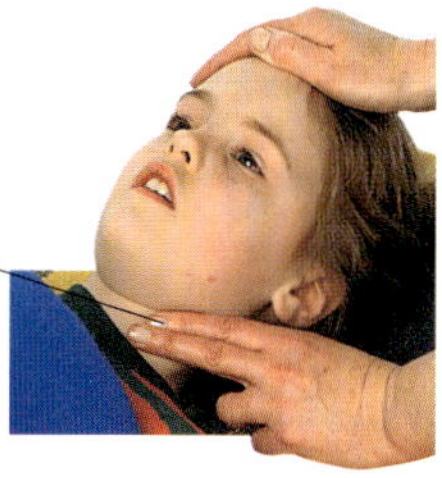


# QUETSCHVERLETZUNGEN

☎ NOTARZT RUFEN

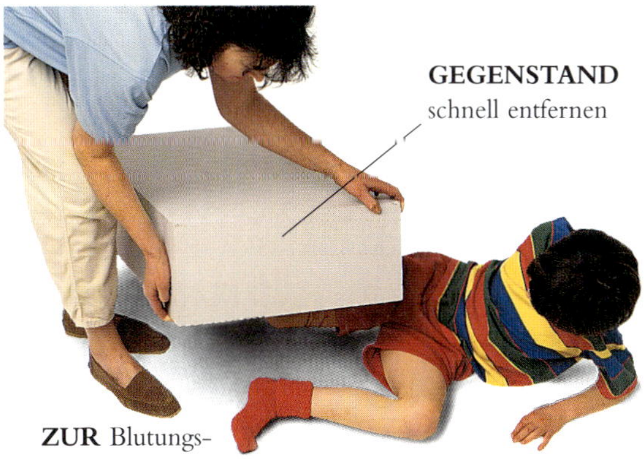


1 Entfernen Sie den schweren Gegenstand.

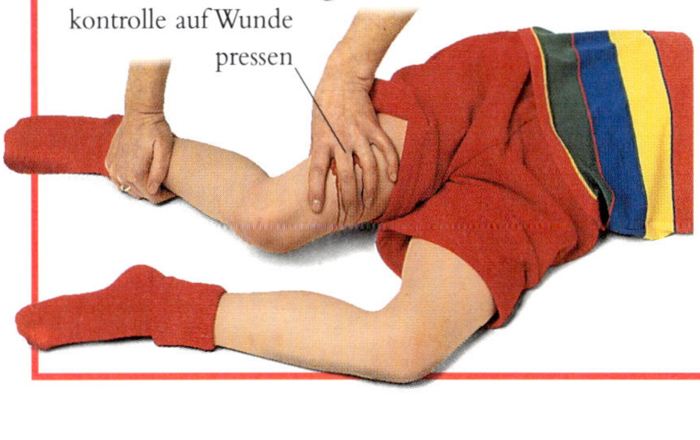


2 Kontrollieren Sie Blutungen, indem Sie mit einer sauberen Kompresse auf die Wunde drücken.

**BEI** *Verdacht auf Knochenbrüche stützen Sie die Verletzung mit Polstern ab, bewegen Sie aber das Kind nicht, bis Hilfe eintrifft. Achten Sie auf SCHOCKSYMPTOME (s. oben und S. 30).*

# BRUSTKORBVERLETZUNGEN

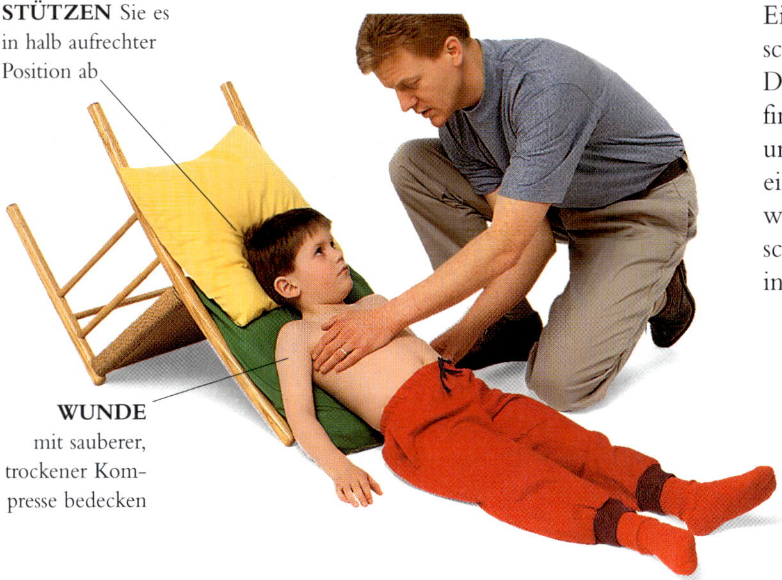

**STÜTZEN** Sie es in halb aufrechter Position ab

**WUNDE** mit sauberer, trockener Kompresse bedecken

Eine Brustkorbverletzung kann schwere innere Schäden verursachen. Die Lungen sind besonders empfindlich, und Atemprobleme, Schock und Lungenkollaps können Folge einer solchen Verletzung sein. Es ist wichtig, die Wunde luftdicht zu verschließen, um Eindringen von Luft in den Brustkorb zu verhindern.

1 Bedecken Sie die Wunde mit einer trockenen, sauberen Kompresse, und bringen Sie das Kind in halbaufrechte Position. Stützen Sie es entsprechend ab.

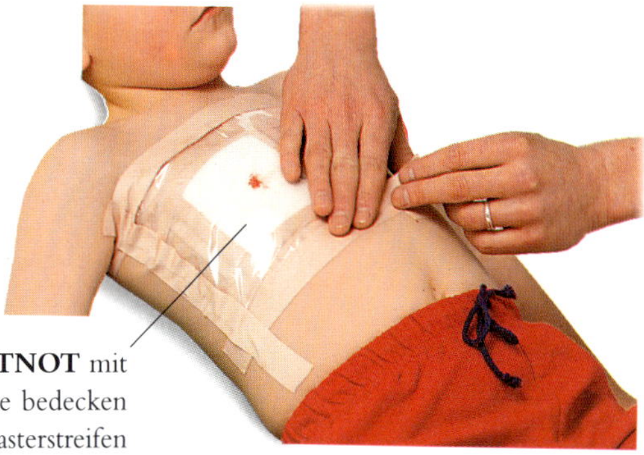

**BEI LUFTNOT** mit Klarsichtfolie bedecken und mit Pflasterstreifen festkleben

2 Wenn das Kind unter Luftnot leidet, liegt möglicherweise ein sogenannter Pneumothorax vor. Bedecken Sie dann die Wunde mit einer sterilen Wundauflage oder einer sauberen Kompresse, fixieren Sie diese mit Heftpflaster, und versiegeln Sie alles luftdicht mit Klarsichtfolie, die Sie mit Pflasterstreifen festkleben.

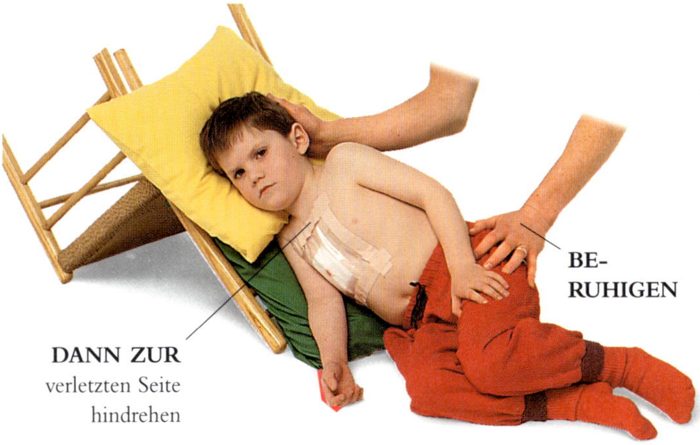

**BERUHIGEN**

**DANN ZUR** verletzten Seite hindrehen

☎ NOTARZT RUFEN

3 Lagern Sie das Kind dann, durch Kissen abgestützt, zur verletzten Seite hin.

**VERLIERT** *Ihr Kind das Bewußtsein, kontrollieren Sie die Vitalfunktionen (s. DAS BEWUSSTLOSE BABY, S. 16, DAS BEWUSSTLOSE KIND, S. 22). Bereiten Sie sich aufs Wiederbeleben vor. Wenn es atmet, legen Sie es auf der verletzten Seite in die STABILE SEITENLAGE (s. S. 24). Achten Sie auf SCHOCKzeichen (s. S. 30).*

# BAUCHVERLETZUNGEN

1 Legen Sie das Kind flach auf den Boden und eine Decke oder ein Kissen unter seine Knie, um den Bauch zu entlasten. Lockern Sie engsitzende Kleidung.

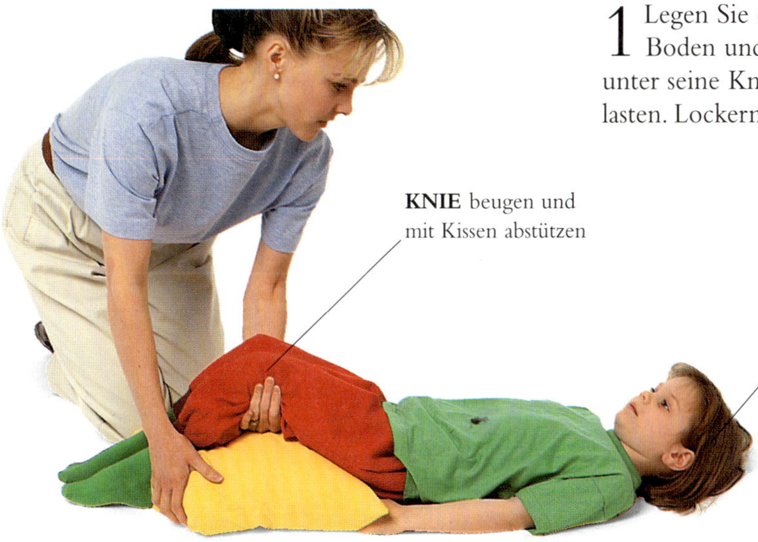


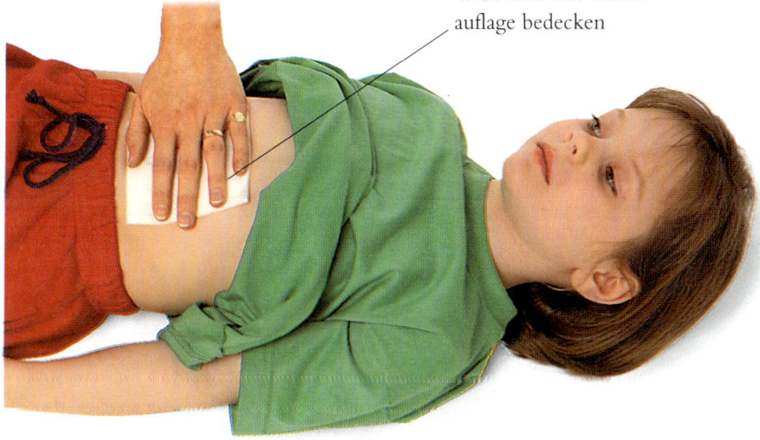


2 Reden Sie beruhigend auf das Kind ein, während Sie eine große sterile Wundauflage auflegen. Pressen Sie auf die Wunde, wenn das Kind zu husten oder zu erbrechen beginnt. Beruhigen Sie es weiter, und achten Sie auf Veränderungen seines Zustands, vor allem aber auf SCHOCKzeichen (s. S. 30).

☎ NOTARZT RUFEN

**IST** *ein Teil des Darms zu sehen, bedecken Sie ihn mit einem Plastikbeutel oder einer Klarsichtfolie, bevor Sie die Wundauflage anbringen.*

**VERLIERT** *das Kind das Bewußtsein, kontrollieren Sie die Vitalfunktionen (s. DAS BEWUSSTLOSE BABY, S. 16; DAS BEWUSSTLOSE KIND, S. 22). Bereiten Sie sich aufs Wiederbeleben vor.*

# VERBRENNUNGEN UND VERBRÜHUNGEN

Welche Maßnahmen bei Feuerausbruch zu ergreifen sind, lesen Sie unter WAS TUN IM NOTFALL, S. 11.

*Am Körper anhaftende oder eingebrannte Kleidungsstücke oder sonstige Materialien* **NIEMALS ENTFERNEN**, *da dies die Haut noch stärker schädigen kann.*

**IST** *kein kaltes Wasser verfügbar, verwenden Sie eine andere kalte Flüssigkeit, wie etwa Milch.*

✚ KIND INS KRANKENHAUS FAHREN ODER ☎ NOTARZT RUFEN

1 Um den Entzündungsprozeß zu stoppen und Schmerzen zu lindern, kühlen Sie die Brandwunde (nicht das ganze Kind!) mindestens zehn Minuten lang mit kaltem Wasser.

**TAUCHEN** *Sie kleinere Kinder* **NICHT** *in kaltes Wasser, da dies zur Unterkühlung führen könnte.*

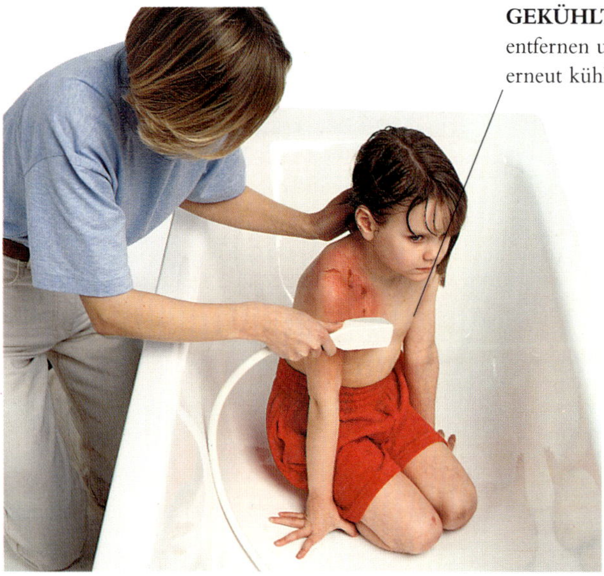


2 Nach Kühlung der Brandwunde entfernen Sie Kleidungsstücke vom verbrannten Körperbereich und kühlen, bei anhaltenden Schmerzen, nochmals. Sind die Textilien in die Haut eingebrannt oder bleiben darauf haften, schneiden Sie den Stoff um die Stelle herum ab. Entfernen Sie einengende Kleidung vom Verbrennungsbereich, bevor die Haut zu schwellen beginnt.

*Brandwunden* **NICHT** *berühren, Brandblasen* **NICHT** *öffnen.*

**BRANDWUNDEN** locker mit möglichst sterilem Material bedecken

3 Bedecken Sie die Brandwunde mit sauberem, möglichst sterilem fuselfreiem Material, um sie vor Infektionen zu schützen. Sie können hierzu – wenn Sie nichts Steriles haben – notfalls auch ein sauberes Laken oder einen Bettbezug nehmen. Tragen Sie keine Lotionen, kein Fett und keine Salben auf.

**GEBEN** *Sie dem Kind* **NICHTS** *zu essen oder zu trinken, und achten Sie auf Zeichen für einen SCHOCK (s.S.30).*

**VERLIERT** *das Kind das Bewußtsein, kontrollieren Sie die Vitalfunktionen (s. DAS BEWUSSTLOSE BABY, S.16; DAS BEWUSSTLOSE KIND, S.22). Bereiten Sie sich aufs Wiederbeleben vor. Atmet das Kind, bringen Sie es in die STABILE SEITENLAGE (s. S. 24).*



# Verbrennungen im Mund- und Rachenraum

Verbrennungen in dieser Region sind besonders gefährlich, weil die durch sie verursachte Schwellung und Entzündung der Atemwege eine ernsthafte Erstickungsgefahr darstellen. Reagieren Sie sofort. Lockern Sie gegebenenfalls Kleidungsstücke um den Hals herum. Geben Sie dem Kind kaltes Wasser zu nippen.

☎ NOTARZT RUFEN

**KALTES** Wasser zu nippen geben

**KLEIDUNGSSTÜCKE** am Hals lockern

**BEKOMMT** *Ihr Kind Atemschwierigkeiten, kontrollieren Sie seine Vitalfunktionen (s. DAS BEWUSSTLOSE BABY, S.16; DAS BEWUSSTLOSE KIND, S.22). Bereiten Sie sich aufs Wiederbeleben vor.*

# VERBRENNUNGEN DURCH STROM

Ein elektrischer Schock durch eine Stromquelle mit niedriger Voltzahl kann Verbrennungen verursachen, und das sowohl an der Eintritts- als auch an der Austrittsstelle des Stroms. Siehe STROMVERLETZUNGEN, S.12, SCHOCK S.30.

**NÄHERN** *Sie sich dem Kind* **ERST,** *wenn Sie sicher sind, daß der Stromkreis unterbrochen ist.*

**VERLIERT** *das Kind das Bewußtsein, kontrollieren Sie seine Vitalfunktionen (s. DAS BEWUSSTLOSE BABY, S.16; DAS BEWUSSTLOSE KIND, S.22). Bereiten Sie sich aufs Wiederbeleben vor. Atmet das Kind, bringen Sie es in die STABILE SEITENLAGE (s. S. 24).*

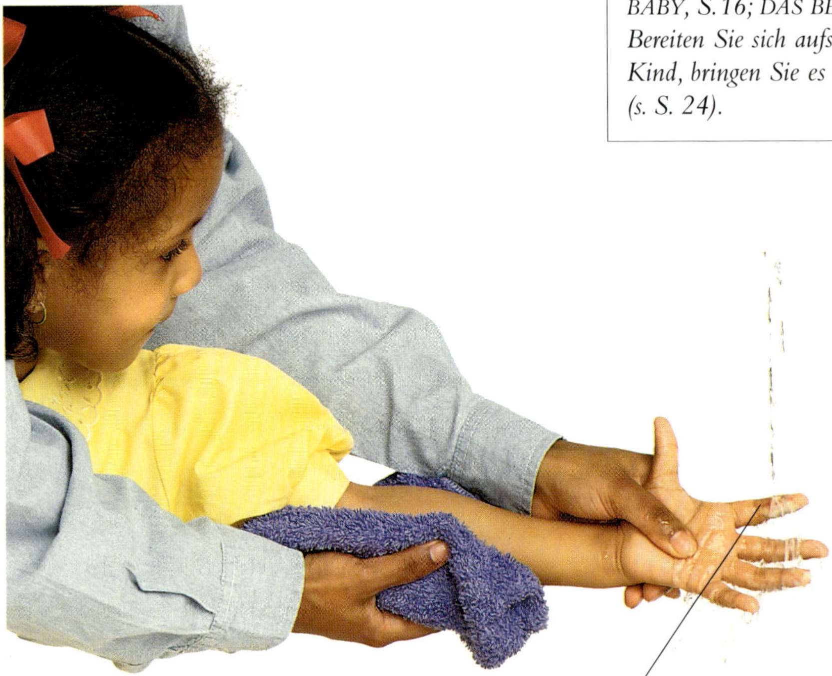

**BRANDWUNDE**
ungefähr zehn Minuten lang mit kaltem Wasser kühlen

1 Fühlen Sie den Puls des Kindes. Ist er deutlich unregelmäßig, und wird das Kind auffällig, rufen Sie sofort den Notarzt.

2 Ist der Puls normal, halten Sie den verletzten Bereich ungefähr zehn Minuten lang unter fließend kaltes Wasser, um die Verbrennung zu kühlen.

3 Schützen Sie dann die Brandwunde mit möglichst sterilem, sauberem, fuselfreiem Material; halten Sie das Ganze, oder kleben Sie es mit Heftpflaster fest.

✚ KIND INS KRANKENHAUS FAHREN

# VERÄTZUNGEN DER HAUT

**CHEMIKALIE** unter fließend kaltem Wasser abspülen

**SICH** selbst mit Handschuhen schützen

Verätzungen können durch Haushaltsreiniger wie Toiletten- und Spülmaschinenreiniger verursacht werden.

**Verätzungen erkennen** • *heftiger, brennender Schmerz* • *Rötung oder Verfärbung der Haut, gefolgt von Blasenbildung und Abschälen der Haut*

1 Halten Sie den verletzten Bereich möglichst lang unter fließend kaltes Wasser, und spülen Sie alle Spuren der Chemikalie ab.

**MERKEN** *Sie sich den Namen der fraglichen Substanz. Tragen Sie Gummihandschuhe, und nehmen Sie sich vor Dämpfen in acht.* *Siehe RAUCHVERGIFTUNGEN, S. 43, und VERGIFTUNGEN DURCH CHEMIKALIEN, S. 65.*

## Kleidungsstücke entfernen

**KLEIDUNG** rund um den verletzten Bereich herausschneiden

Schneiden Sie die Kleidung großzügig um den verletzten Bereich heraus, wenn Sie sie nicht ausziehen können, ohne sie dabei mit anderen Körperbereichen in Kontakt zu bringen.

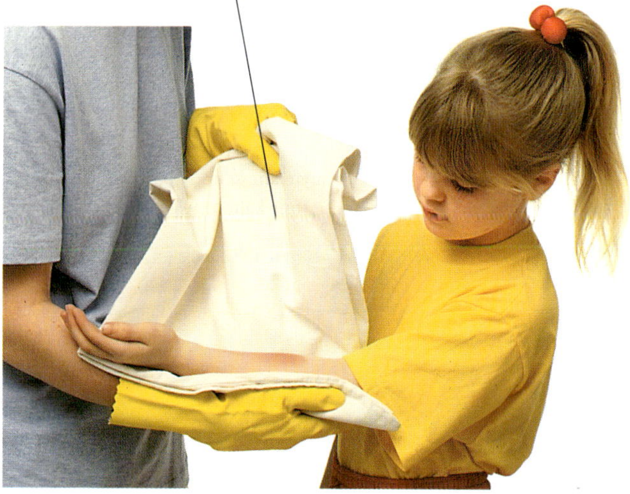

**VERÄTZUNG** mit sauberem, fuselfreiem Material abdecken

2 Legen Sie ein sauberes, fuselfreies Material, wie etwa einen Kissenbezug, locker über die Verätzung. Sie können den Bezug auch anfeuchten, um die Wunde zu kühlen und die Haut zu beruhigen.

✚ KIND INS KRANKENHAUS FAHREN

# VERÄTZUNGEN DES AUGES

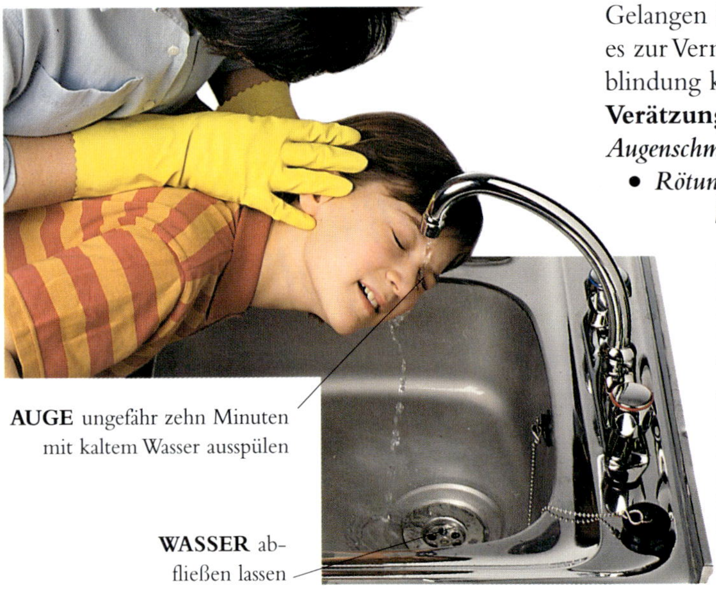

AUGE ungefähr zehn Minuten mit kaltem Wasser ausspülen

WASSER abfließen lassen

Gelangen Spritzer von Chemikalien ins Auge, kann es zur Vernarbung der Hornhaut oder sogar zur Erblindung kommen.

**Verätzungen des Auges erkennen** • *heftige Augenschmerzen* • *Probleme, das Auge zu öffnen* • *Rötung und Schwellung in und um das Auge herum* • *starker Tränenfluß*

**LASSEN** *Sie das Kind sich* **NICHT** *die Augen reiben.*

**DAS AUGE** *wird sich vor Schmerzen krampfartig schließen, ziehen Sie deshalb das Augenlid sanft hoch.*

**EIN KÄNNCHEN** erleichtert Ihnen die Aufgabe

**AUFPASSEN,** daß kein Wasser ins Gesicht spritzt

1 Halten Sie das Kind mit dem gesunden Auge nach oben übers Waschbecken, und lassen Sie über das verletzte Auge ungefähr zehn Minuten lang langsam kaltes Wasser laufen. Tragen Sie dabei Gummihandschuhe. Achten Sie darauf, daß das Augenlid von innen wie von außen gut gespült wird und das Wasser vom Gesicht abläuft. Einfacher ist das Ganze vielleicht mit einem Kännchen. Passen Sie auf, daß keine Spritzer des verunreinigten Wassers in das gesunde Auge gelangen.

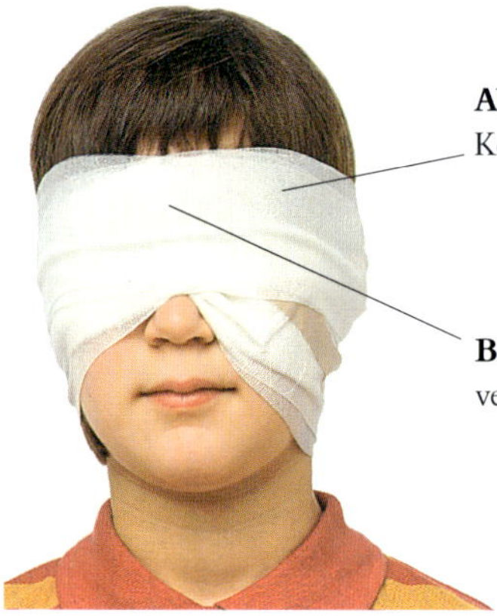

**AUGEN** mit sauberer Kompresse bedecken

**BEIDE** Augen verbinden

2 Ist das verletzte Auge gründlich ausgespült, bedecken Sie es mit einer sterilen Augenkompresse oder einer Wundauflage. Wickeln Sie dann einen Verband um beide Augen, den Sie mit einem Heftpflaster befestigen.

✚ KIND INS KRANKENHAUS FAHREN

# VERGIFTUNGEN DURCH CHEMIKALIEN

**LIPPEN** und Mund vorsichtig abwaschen

**WENN** *Sie glauben, Ihr Kind könnte etwas Giftiges geschluckt haben,*
✆ ARZT ODER GIFTNOTRUFZENTRALE (s. S. 111) ANRUFEN

1 Wischen Sie etwaige Rückstände der Substanz vom Mund.

**KALTES** Wasser schlückchenweise zu trinken geben

2 Die Lippen des Kindes können brennen oder bleich sein – geben Sie ihm immer wieder kleine Schlückchen kaltes Wasser.

**BRINGEN** *Sie das Kind* **NICHT** *zum Erbrechen, da dies nur noch mehr Schaden anrichten kann.*

**BEHÄLTNIS** aufbewahren und dem Arzt zeigen

3 Stellen Sie fest, welche Substanz das Kind geschluckt hat, und geben Sie diese Information telefonisch an den Arzt weiter – das erleichtert die richtige Behandlung.

**VERLIERT** *das Kind das Bewußtsein, kontrollieren Sie die Vitalfunktionen (s. DAS BEWUSSTLOSE BABY, S.16; DAS BEWUSSTLOSE KIND, S.22). Bereiten Sie sich aufs Wiederbeleben vor. Atmet das Kind, bringen Sie es in die STABILE SEITENLAGE (s. S. 24).*

# ARZNEIMITTELVERGIFTUNG

**ARZNEIBEHÄLTNIS** zur Hand nehmen

**RESTLICHE** Tabletten zählen

✆ ARZT ANRUFEN

Reden Sie ruhig mit dem Kind, und versuchen Sie herauszufinden, welches Mittel und wieviel es davon eingenommen hat. Lesen Sie die Aufschrift auf dem Behältnis, und geben Sie die Information an den Arzt weiter. Sagen Sie ihm auch Alter und Gewicht des Kindes sowie den ungefähren Zeitpunkt der Einnahme.



## Ist das Kind bewußtlos

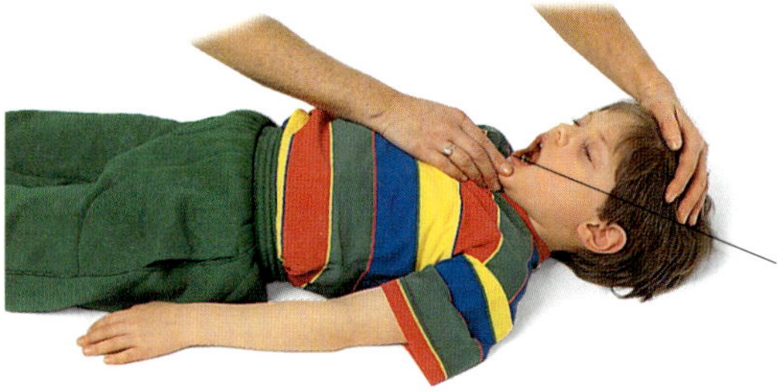

**MUND-RAUM** gegebenenfalls säubern

☎ NOTARZT RUFEN

1 Öffnen Sie den Mund des Kindes. Entfernen Sie mit dem Finger noch im Mund befindliche Tabletten.

> **VERSUCHEN** *Sie herauszufinden, welches Mittel und wieviel das Kind davon eingenommen hat.*

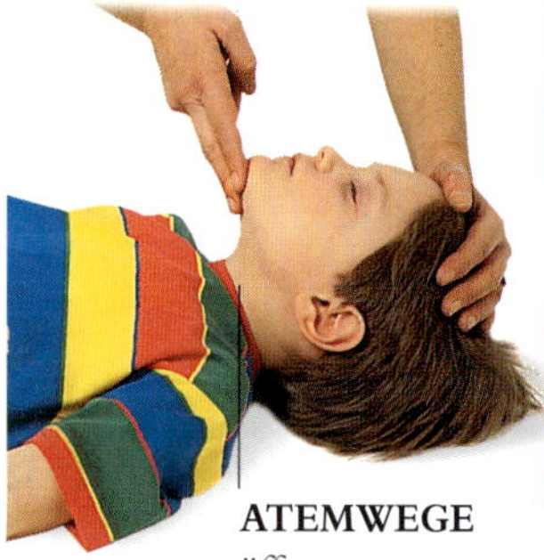

**ATEMWEGE** öffnen

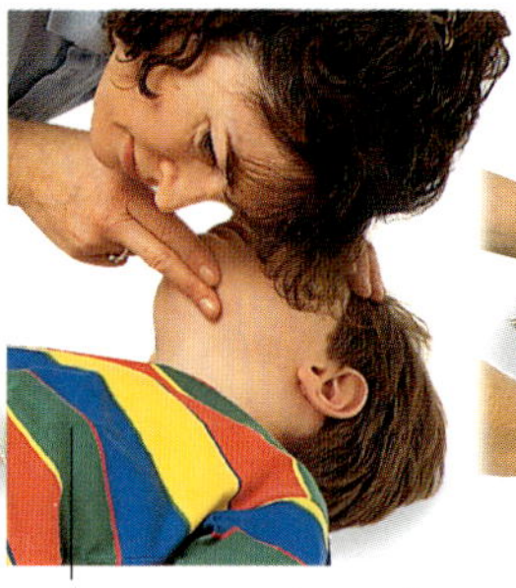

**ATMUNG** kontrollieren

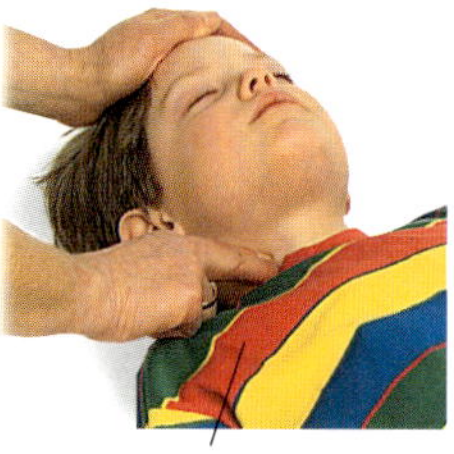

**PULS** kontrollieren

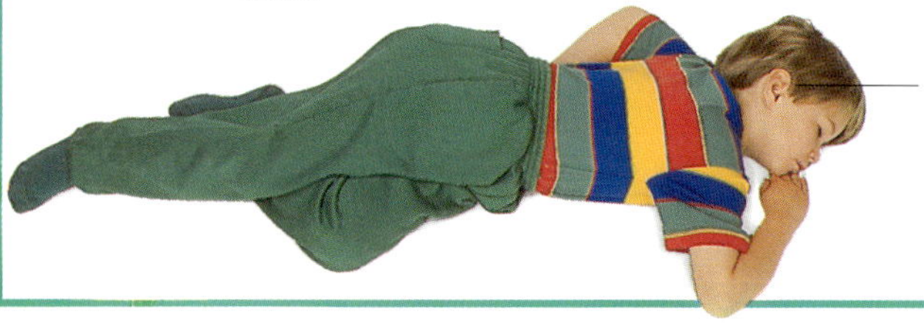

**STABILE SEITENLAGE,** wenn es atmet

2 Öffnen Sie seine Atemwege. Kontrollieren Sie Atmung und Puls (s. DAS BEWUSSTLOSE BABY, S.16; DAS BEWUSSTLOSE KIND, S.22). Bereiten Sie sich aufs Wiederbeleben vor. Atmet das Kind, bringen Sie es in die STABILE SEITENLAGE (s. S. 24). Bleiben Sie bei ihm, bis Hilfe eintrifft.

# ALKOHOLVERGIFTUNG

**ALKOHOL** *kann bereits in nur geringen Mengen einem kleinen Kind Schaden zufügen. Bringen Sie es deshalb sicherheitshalber ins Krankenhaus.*

**BEFRAGEN** Sie es ruhig

**NACH** Zeichen einer Alkoholvergiftung suchen

**ÜBERPRÜFEN,** wieviel aus der Flasche fehlt

**Eine Alkoholvergiftung erkennen**
*• starker Alkoholgeruch • erhitztes, schwitziges Gesicht • undeutliche Aussprache • taumelnder Gang • tiefe, geräuschvolle Atmung • Übelkeit • jagender Puls*

✆ ARZT ANRUFEN

Geben Sie dem Kind zuckerhaltige Flüssigkeit zu trinken. Legen Sie es dort hin – am besten in Seitenlage –, wo Sie es beobachten können. Stellen Sie eine Schüssel daneben, falls es sich übergeben muß. Sollte es einschlafen, überprüfen Sie, ob es sich problemlos wieder aufwecken läßt. Ist es sehr benommen oder scheint es gar bewußtlos zu sein, siehe unten.

## Ist das Kind bewußtlos

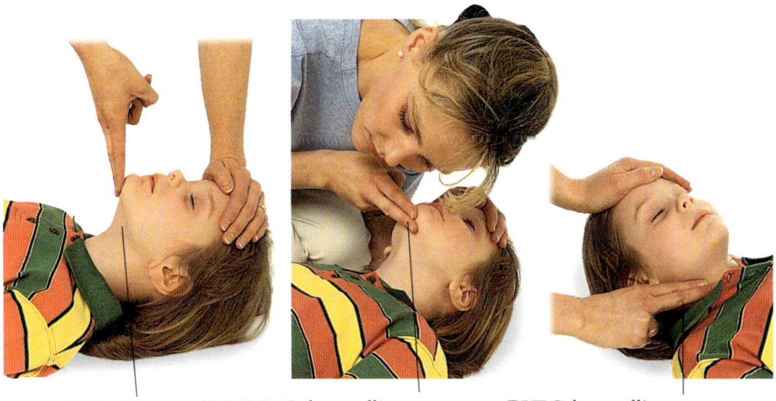

**ATEMWEGE** öffnen

**ATMUNG** kontrollieren

**PULS** kontrollieren

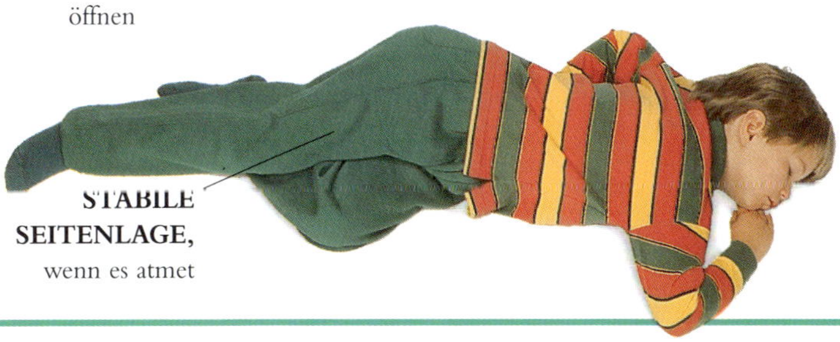

**STABILE SEITENLAGE,** wenn es atmet

☎ NOTARZT RUFEN

**HALTEN** *Sie das Kind warm. Alkohol zieht die Blutgefäße zusammen und kann so zur Unterkühlung führen.*

Öffnen Sie die Luftwege des Kindes. Kontrollieren Sie Atmung und Puls (s. DAS BEWUSSTLOSE BABY, S.16; DAS BEWUSSTLOSE KIND, S.22). Bereiten Sie sich aufs Wiederbeleben vor. Atmet das Kind, bringen Sie es in die STABILE SEITENLAGE (s. S. 24). Bleiben Sie bei ihm, bis Hilfe eintrifft.

# VERGIFTUNG DURCH PFLANZEN

**DAS KIND** fragen, wieviel es gegessen hat

**PFLANZEN-** oder Beerenreste dem Arzt zeigen

1 Versuchen Sie festzustellen, was das Kind gegessen hat, und zeigen Sie dem Arzt eine Probe davon.

✆ ARZT ODER GIFTNOTRUFZENTRALE (s. S. 111) ANRUFEN

**RUFEN** *Sie den Arzt an, und zeigen Sie ihm – wenn möglich – eine Probe der Pflanze.*

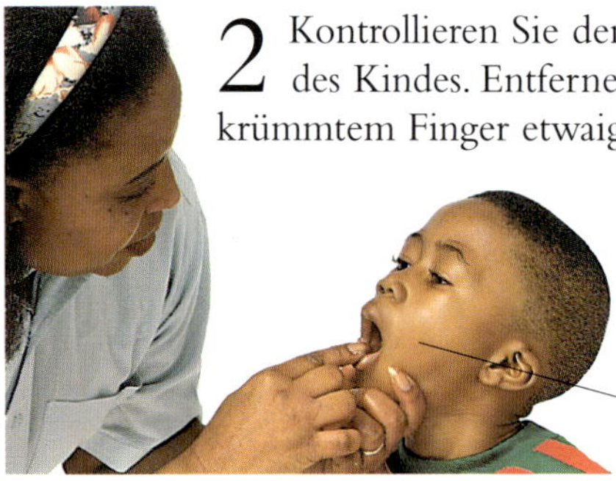

2 Kontrollieren Sie den Mundraum des Kindes. Entfernen Sie mit gekrümmtem Finger etwaige Pflanzen- oder Beerenreste.

**RESTE** aus dem Mund entfernen

## Ist das Kind bewußtlos

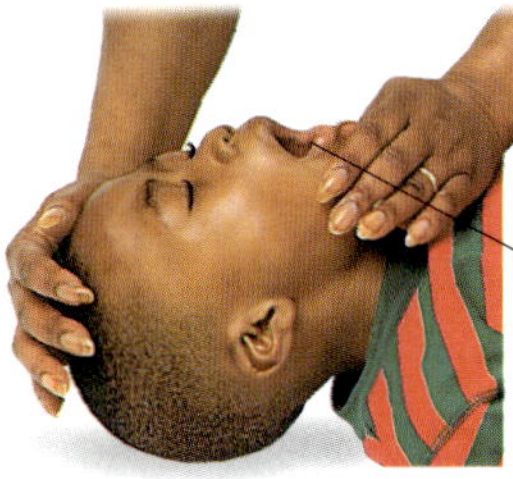

**MUNDRAUM** gegebenenfalls säubern

1 Öffnen Sie den Mund des Kindes. Entfernen Sie mit dem Finger etwaige Pflanzenreste.

☎ NOTARZT RUFEN

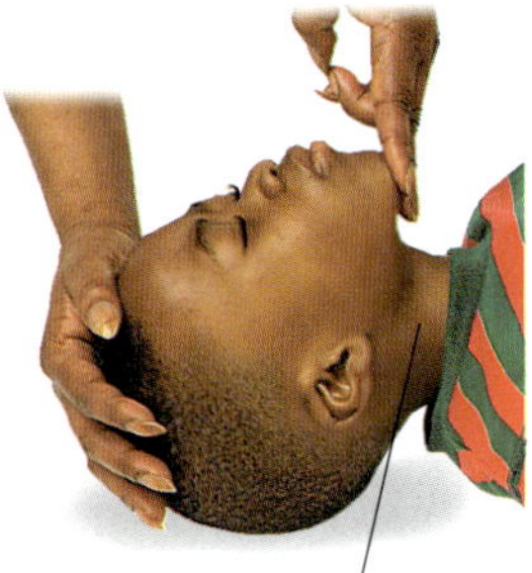

ATEMWEGE öffnen

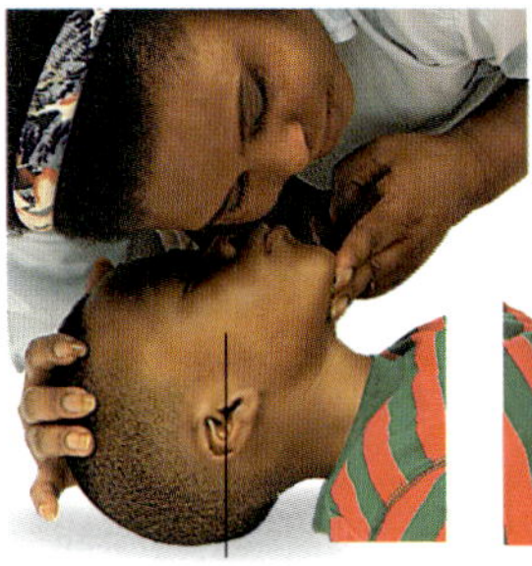

**ATMUNG** kontrollieren

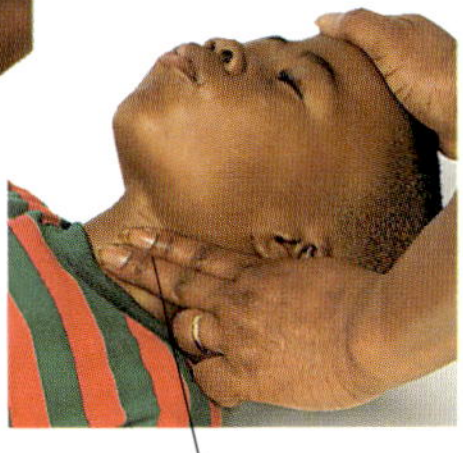

**PULS** kontrollieren

2 Öffnen Sie seine Atemwege. Kontrollieren Sie Puls und Atmung (s. DAS BEWUSSTLOSE BABY, S.16; DAS BEWUSSTLOSE KIND, S.22). Bereiten Sie sich aufs Wiederbeleben vor. Atmet das Kind, bringen Sie es in die STABILE SEITENLAGE (s. S. 24). Bleiben Sie bei ihm, bis Hilfe eintrifft.

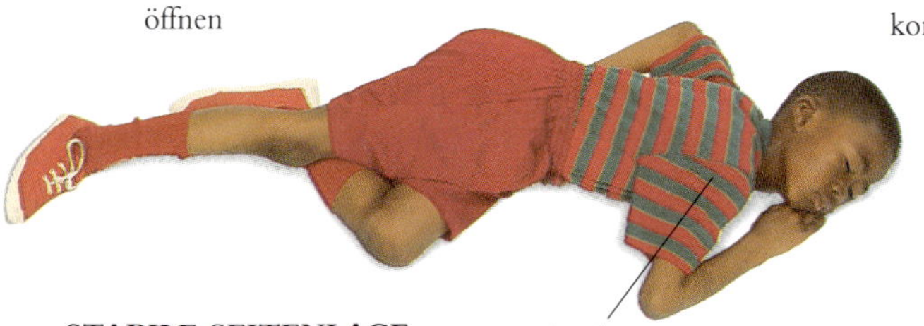

**STABILE SEITENLAGE,** wenn es atmet

# KOPFHAUTVERLETZUNGEN

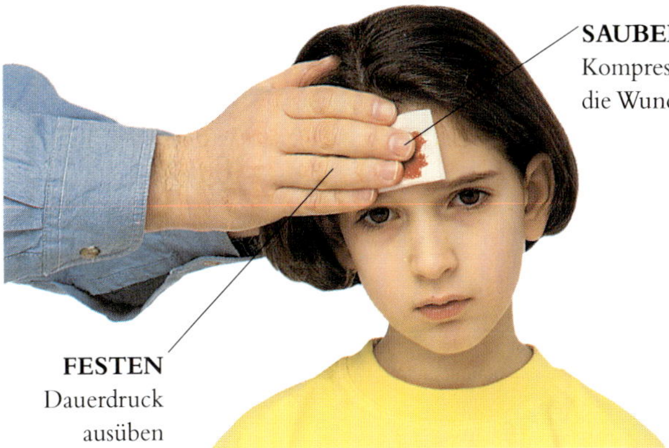


1 Bedecken Sie die Wunde mit einer sauberen Kompresse oder einer sterilen Wundauflage, die größer als die Wunde ist. Da Kopfhautverletzungen stark bluten können, müssen Sie, um die Blutung zu stillen, fest auf die Kompresse drücken. Legen Sie gegebenenfalls eine weitere Kompresse auf, und üben Sie weiter Druck aus.

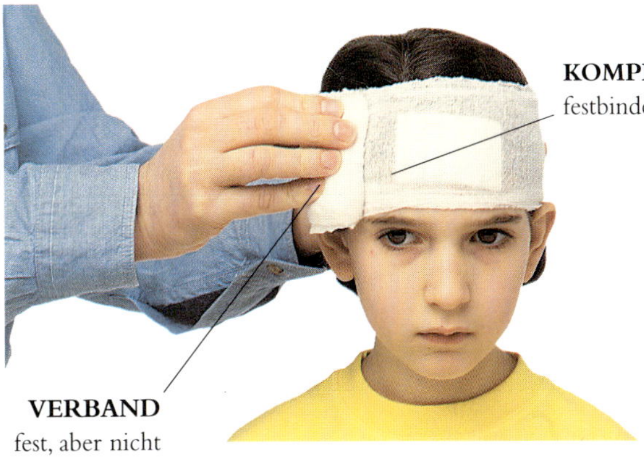


2 Fixieren Sie die Kompresse fest mit einem Verband. Blutet die Wunde weiter, üben Sie mit Ihrer Hand darauf Druck aus.

✆ ARZT ANRUFEN
*(s. auch unter GEHIRNERSCHÜTTERUNG, S. 70; SCHÄDELBRUCH, S. 71).*

3 Helfen Sie dem Kind, sich mit leicht abgestütztem Kopf und Schultern hinzulegen. Achten Sie auf etwaige Veränderungen.

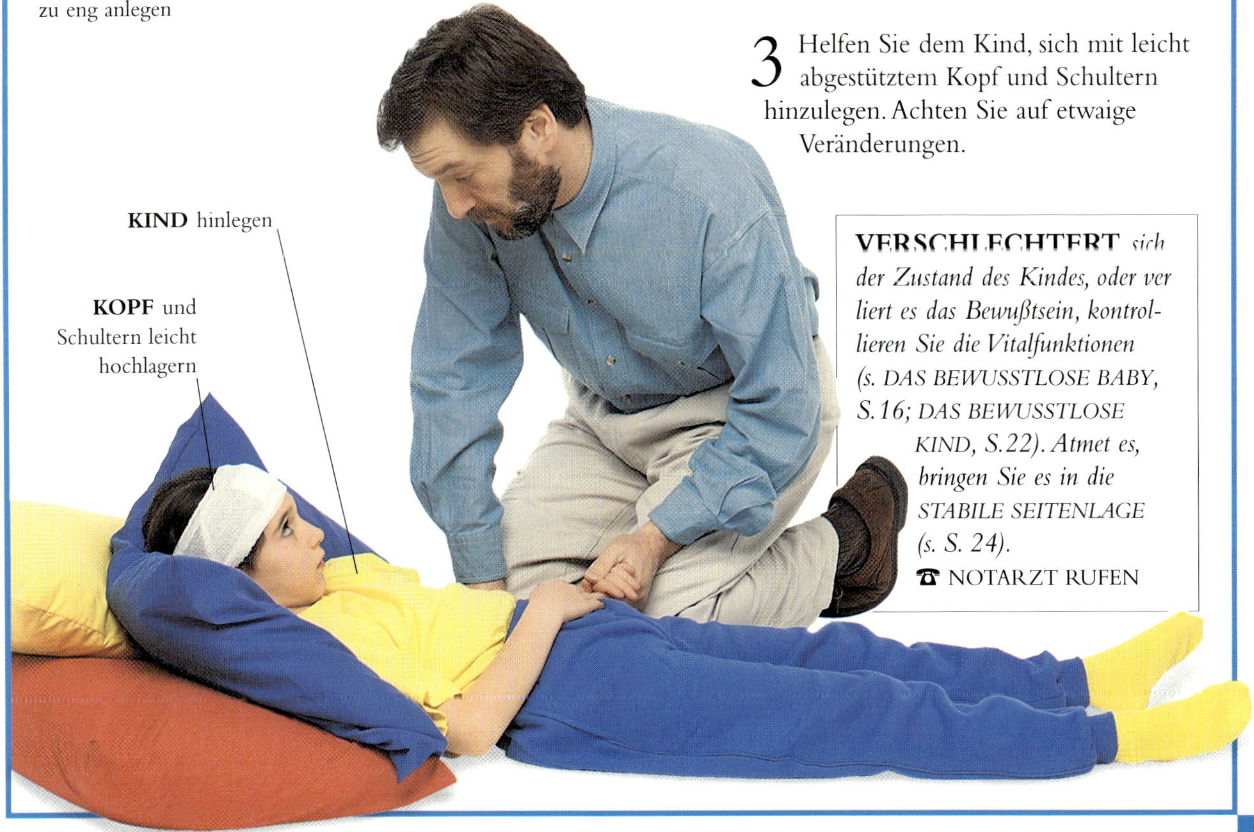


**VERSCHLECHTERT** *sich der Zustand des Kindes, oder verliert es das Bewußtsein, kontrollieren Sie die Vitalfunktionen (s. DAS BEWUSSTLOSE BABY, S. 16; DAS BEWUSSTLOSE KIND, S. 22). Atmet es, bringen Sie es in die STABILE SEITENLAGE (s. S. 24).*
☎ NOTARZT RUFEN

# GEHIRNERSCHÜTTERUNG

Eine Gehirnerschütterung entsteht durch Einwirkung von Gewalt auf den Kopf, etwa durch einen Schlag oder Sturz. Das Opfer kommt nach kurzer Bewußtlosigkeit wieder völlig zu sich. Zu unterscheiden ist zwischen einem Stoß gegen den Kopf ohne Gehirnerschütterung, mit einen kurzen Phase der Bewußtlosigkeit (weniger als 20 Sekunden) und einer lang andauernden Bewußtlosigkeit.

**Gehirnerschütterung erkennen** • *kurze Bewußtlosigkeit (nicht in jedem Fall!), Schwindel und Übelkeit* • *keine Erinnerung an unmittelbar Zurückliegendes* • *leichte Kopfschmerzen*

## Kind bei Bewußtsein

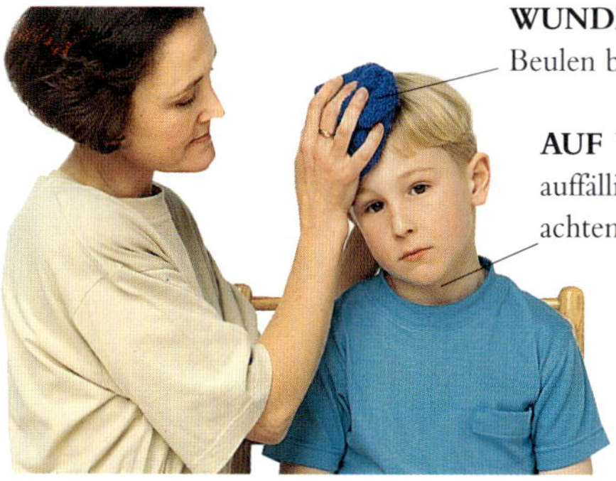


Hat sich das Kind den Kopf gestoßen, lassen Sie es sich hinsetzen, und behandeln Sie kleinere Prellungen oder Wunden mit einer kalten Kompresse.

**ACHTEN** *Sie auf Verhaltensauffälligkeiten. Bei Erbrechen, Verhaltensänderungen, zunehmender Müdigkeit, anhaltenden Kopfschmerzen, größerer Schwellung oder Schwindelgefühlen*
✆ ARZT ANRUFEN

## Beim Kind, das schnell wieder zu sich kommt

1 Das Kind hat, wenn auch nur kurz, das Bewußtsein verloren.
✆ ARZT ANRUFEN

2 Lassen Sie es ruhen, und beobachten Sie es. Wenn es nicht wieder voll zu sich kommt und anschließend auffällig ist,
☎ NOTARZT RUFEN

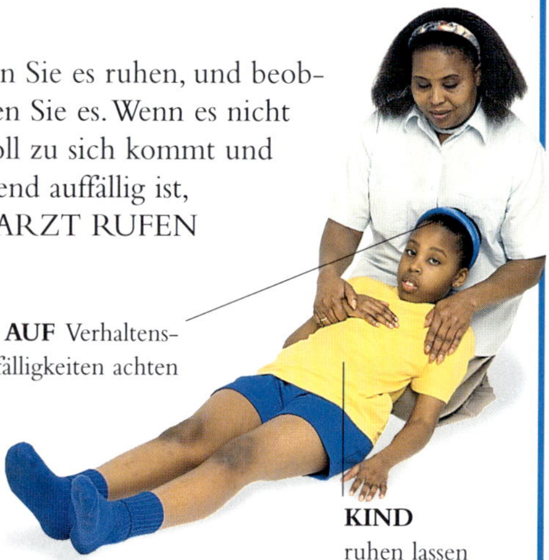


## Das bewußtlose Kind

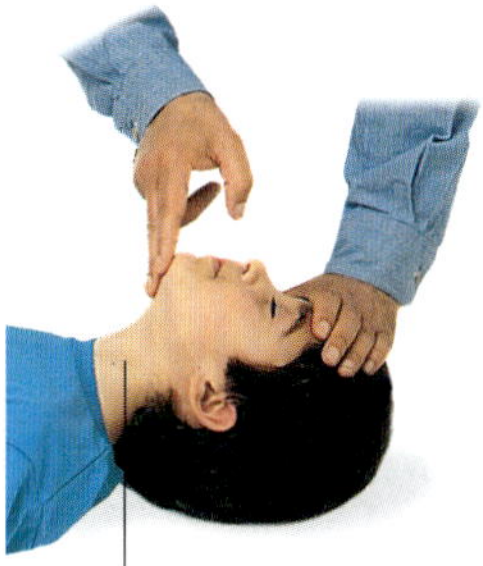


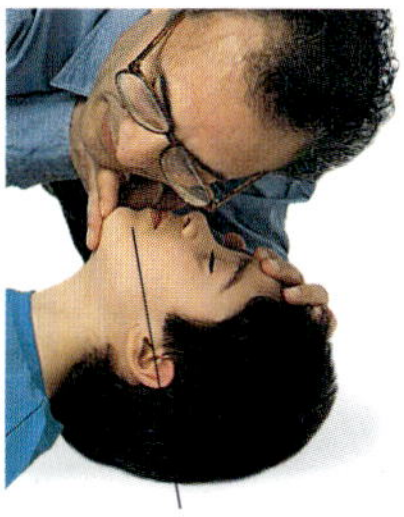


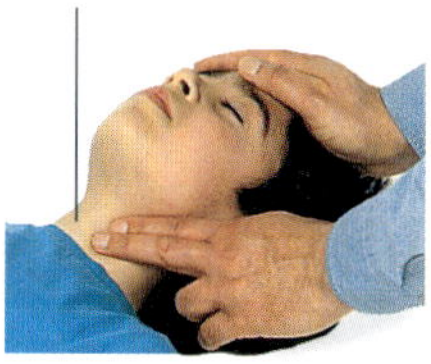


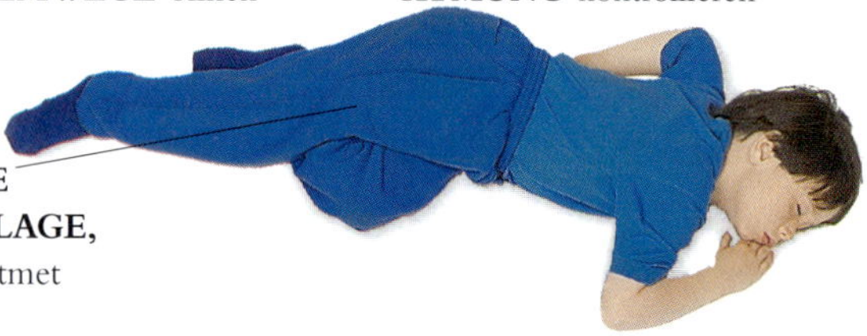


☎ NOTARZT RUFEN

Öffnen Sie die Atemwege. Kontrollieren Sie Atmung und Puls (s. DAS BEWUSSTLOSE BABY, S.16; DAS BEWUSSTLOSE KIND, S.22). Atmet es, bringen Sie es in die STABILE SEITENLAGE (s. S. 24). Bleiben Sie bei ihm, bis der Notarzt eintrifft.

# SCHÄDELBRUCH

Schädelfrakturen sind potentiell äußerst gefährliche Verletzungen und verlangen sofortiges ärztliches Eingreifen, um die Gefahr einer Gehirnschädigung und Infektion möglichst gering zu halten.
**Einen Schädelbruch erkennen** • *eine Wunde oder Prellung am Kopf* • *ein weicher Bereich auf der Kopfhaut (oft allerdings auch nur Schwellung und keine äußere Wunde)* • *Bewußtseinsstörungen* • *gibt keine klaren Antworten* • *Austritt klarer Flüssigkeit aus Nase oder Ohr (nicht sehr häufig)* • *blutunterlaufenes Auge* • *Verformungen im Gesicht oder am Kopf*

☎ NOTARZT RUFEN

**BEI** *Verdacht auf RÜCKEN- UND NACKEN-VERLETZUNGEN, s. S.73–74.*

## Das bewußtlose Kind

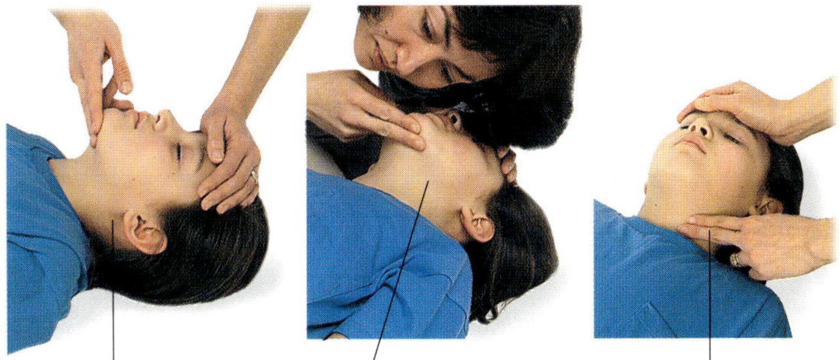

**ATEMWEGE** öffnen

**ATMUNG** kontrollieren

**PULS** kontrollieren

1 Öffnen Sie die Atemwege. Kontrollieren Sie Atmung und Puls (s. DAS BEWUSSTLOSE BABY, S.16; DAS BEWUSSTLOSE KIND, S.22).

**STABILE SEITENLAGE,** wenn das Kind atmet

2 Atmet das Kind, bringen Sie es in die STABILE SEITENLAGE (s. S. 24). Bleiben Sie bei ihm, und achten Sie auf Veränderungen in seinem Zustand, bis der Notarzt eintrifft.

## Spätreaktionen

Kopfverletzungen können noch Stunden oder Tage später starke Reaktionen hervorrufen. Die Blutansammlung im Schädel kann eine Gehirnkompression verursachen, bei der starker Druck auf das Gehirn ausgeübt wird.

**Eine Gehirnkompression erkennen** • *Desorientiertheit und Verwirrung* • *starke Kopfschmerzen* • *gespannte Fontanellen* • *Bewußtseinstrübung* • *geräuschvolle, langsam werdende Atmung* • *ein langsamer, aber starker Puls* • *unterschiedlich große Pupillen* • *Schwäche oder Lähmung* • *erhöhte Temperatur*
Bereiten Sie sich aufs Wiederbeleben vor (s. DAS BEWUSSTLOSE BABY, S.16; DAS BEWUSSTLOSE KIND, S. 22)

☎ NOTARZT RUFEN

# GEBROCHENE NASE/JOCHBEIN

**KALTE** Kompresse auf die Verletzung bringen

1 Lassen Sie das Kind sitzen, und legen Sie eine kalte Kompresse auf die Verletzung – das hilft abschwellen. Legen Sie die Kompresse etwa 30 Minuten auf.

2 Blutet die Nase des Kindes stark, soll es sich über eine Schüssel beugen und die Nasenflügel zusammendrücken.

**NASENFLÜGEL** zusammendrücken zum Blutstillen

**KIND** über eine Schüssel gebeugt setzen

**SCHMERZT** *es zu sehr, die Nase zusammenzudrücken, lassen Sie es einfach vornüber gebeugt sitzen und das Blut mit einer weichen Kompresse oder einem Handtuch aufsaugen.*

✚ KIND INS KRANKENHAUS FAHREN



# GEBROCHENER KIEFER

**Einen gebrochenen Kiefer erkennen**

- *geprellter, geschwollener und schmerzhafter Kiefer*
- *möglicherweise schiefsitzende Zahnreihe*

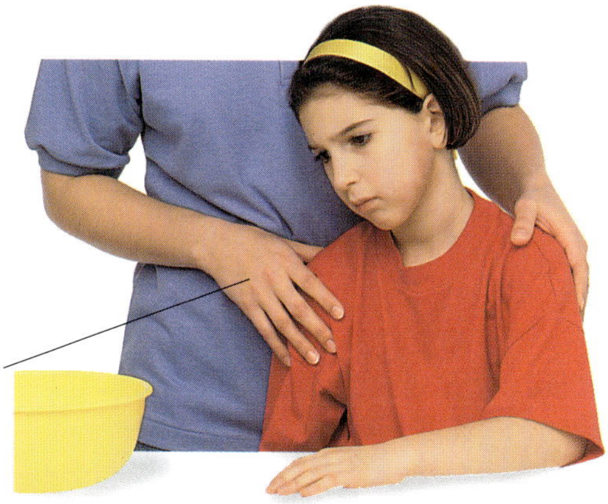

**VORNÜBERGEBEUGT** sitzen lassen

1 Das Kind soll mit vornübergebeugtem Kopf dasitzen. Es soll nicht schlucken, sondern Blut oder Speichel in eine Schüssel ablaufen lassen.

**STÜTZEN** Sie den gebrochenen Kiefer mit einer Kompresse

**VERLIERT** *das Kind das Bewußtsein, kontrollieren Sie seine Vitalfunktionen (s.* DAS BEWUSSTLOSE BABY, *S. 16;* DAS BEWUSSTLOSE KIND, *S. 22). Bereiten Sie sich aufs Wiederbeleben vor. Atmet es, bringen Sie es in die* STABILE SEITENLAGE *(s. S. 24).*

☎ NOTARZT RUFEN

2 Drücken Sie eine weiche Kompresse fest – nicht festbinden, falls sich das Kind übergeben muß – unter den verletzten Kiefer. Stützen Sie ihn während der Fahrt zum Krankenhaus weiter ab.

✚ KIND INS KRANKENHAUS FAHREN – GGF. EINEN KRANKENWAGEN RUFEN

# RÜCKEN- UND NACKEN-VERLETZUNGEN

## Das nicht bewußtlose Kind

☎ NOTARZT RUFEN

**BEWEGEN** *Sie das verletzte Kind* **NUR** *dann, wenn sein Leben in Gefahr ist.* **MÜSSEN** *Sie es bewegen, dann möglichst »in einem Stück« und ohne Nacken oder Wirbelsäule zu verdrehen oder zu beugen.*

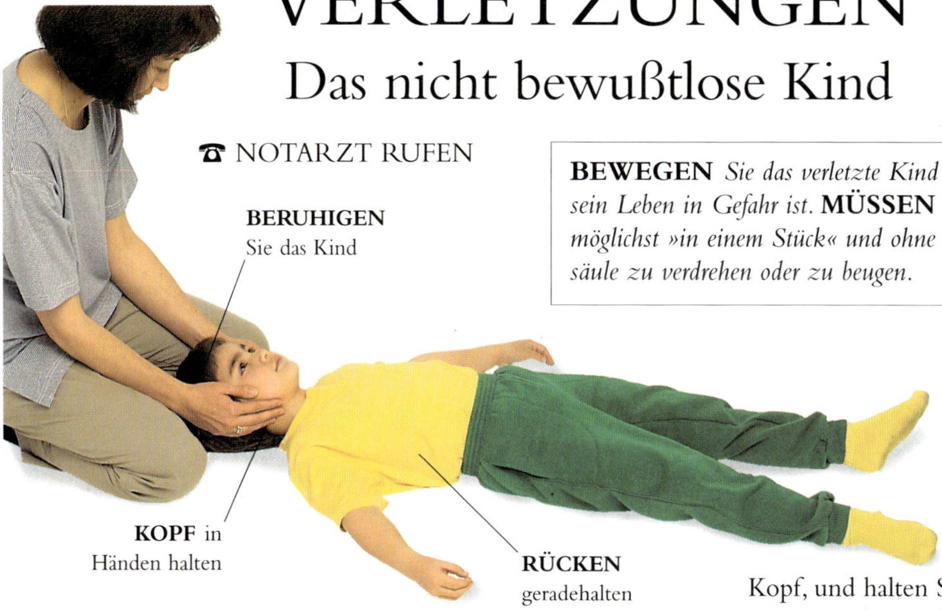


1 Beruhigen Sie das Kind, und sagen Sie ihm, daß es sich nicht bewegen soll. Sprechen Sie ständig mit ihm. Stützen Sie seinen Kopf, und halten Sie ihn ruhig in einer Linie mit der Wirbelsäule, indem Sie Ihre Hände über seine Ohren legen. Ziehen Sie nicht am Nacken.

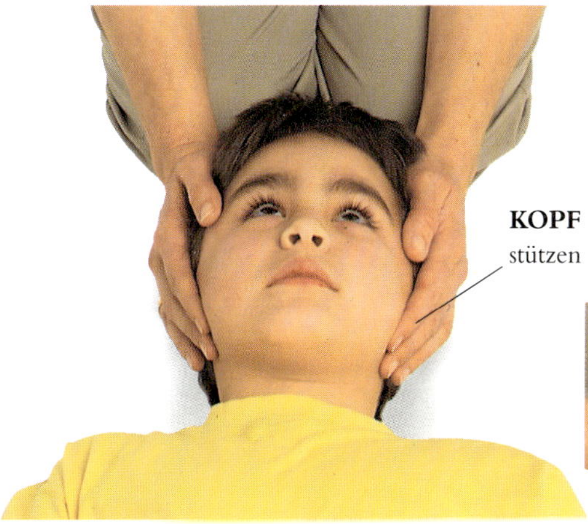


2 Stützen Sie den Kopf in dieser Position ab, bis Hilfe eintrifft. Bitten Sie einen Dritten, Nacken und Schultern zusätzlich mit zusammengerollten Decken oder Handtüchern abzustützen.

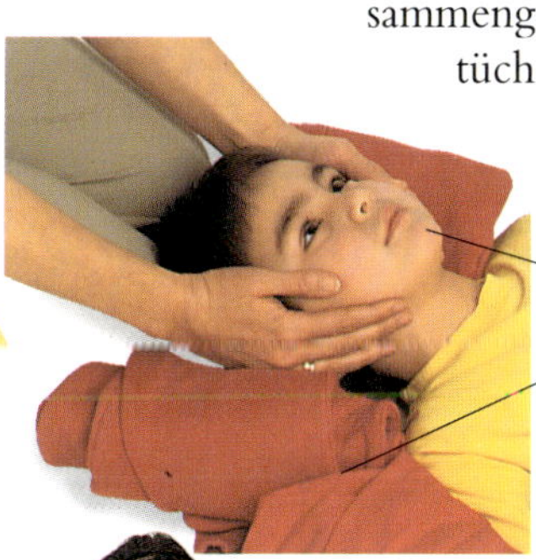


3 Lassen Sie Ihren Helfer auch noch die Körperseiten des Kindes mit zusammengerollten Decken oder Handtüchern abstützen, während Sie den Kopf des Kindes weiterhin ruhighalten.

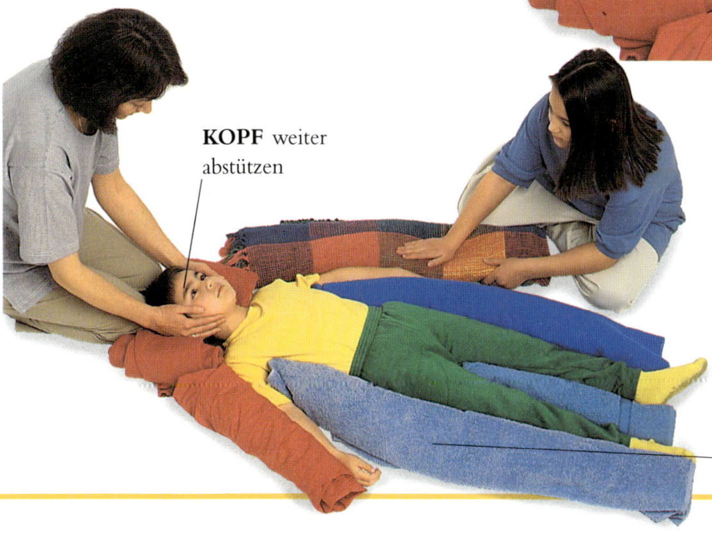

# RÜCKEN- UND NACKEN-VERLETZUNGEN

## Das bewußtlose Kind

☎ NOTARZT RUFEN

**1** Richten Sie das Kind so aus, daß Kopf, Rumpf und Zehen eine Linie bilden.

> **BEWEGEN** *Sie Ihr Kind nur dann, wenn sein Leben in unmittelbarer Gefahr ist.*

**KOPF** und Körper in einer Linie ausrichten

**2** Kontrollieren Sie die Atmung (s. DAS BEWUSSTLOSE BABY, S.16; DAS BEWUSSTLOSE KIND, S. 22).

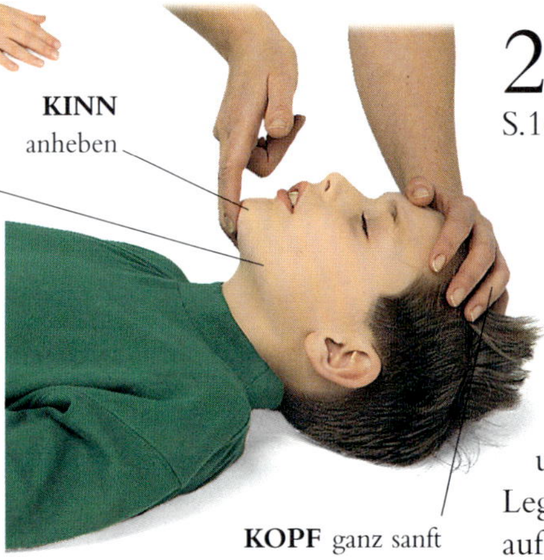

**ATEMWEGE** öffnen

**KINN** anheben

**KOPF** ganz sanft nackenwärts beugen und stützen

**3** Ist die Atmung nicht in Ordnung, legen Sie zwei Finger unter sein Kinn und heben den Kiefer ganz zart an, um die Atemwege zu öffnen. Legen Sie gleichzeitig eine Hand auf die Stirn, und beugen Sie den Kopf leicht nackenwärts.

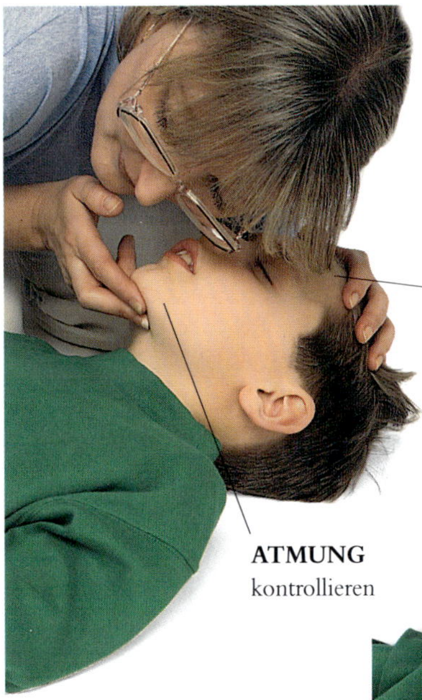

**KOPF** weiterhin stützen

**ATMUNG** kontrollieren

**4** Halten Sie den Kopf mit der Handfläche weiter fest, und kontrollieren Sie den Puls (s. DAS BEWUSSTLOSE BABY, S.16; DAS BEWUSSTLOSE KIND, S.22). Bereiten Sie sich aufs Wiederbeleben vor.

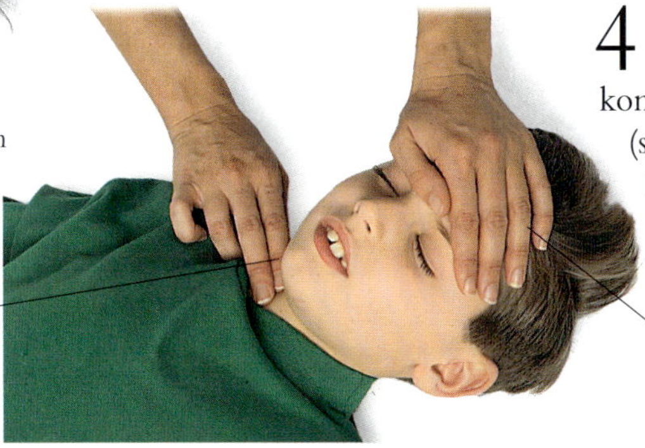

**PULS** kontrollieren

**KOPF** weiterhin stützen

# Modifizierte stabile Seitenlage

Bis zum Eintreffen des Notarztes lagern Sie Ihr Kind in einer etwas abgewandelten stabilen Seitenlage, bei der Kopf und Rumpf durchgehend in einer Linie ausgerichtet bleiben.

1 Bitten Sie eine dritte Person, den Kopf des Kindes mit den Händen zu stützen. Ergreifen Sie den Oberschenkel des fernen Beins, heben Sie ihn sanft an, und beugen Sie ihn. Ziehen Sie den fernen Arm über die Brust des Kindes.

2 Ziehen Sie das Knie zu sich, und lagern Sie das Kind vorsichtig auf der Seite. Halten Sie Kopf und Rumpf dabei in einer Linie ausgerichtet.

3 Beugen Sie seinen Kopf leicht nackenwärts, und stützen Sie es in dieser Haltung ab, bis Hilfe eintrifft. Kontrollieren Sie Atmung und Puls. Bereiten Sie sich aufs Wiederbeleben vor, s.unten und DAS BEWUSSTLOSE BABY, S.16; DAS BEWUSSTLOSE KIND, S.22.

# Herumrollen eines bewußtlosen Kindes

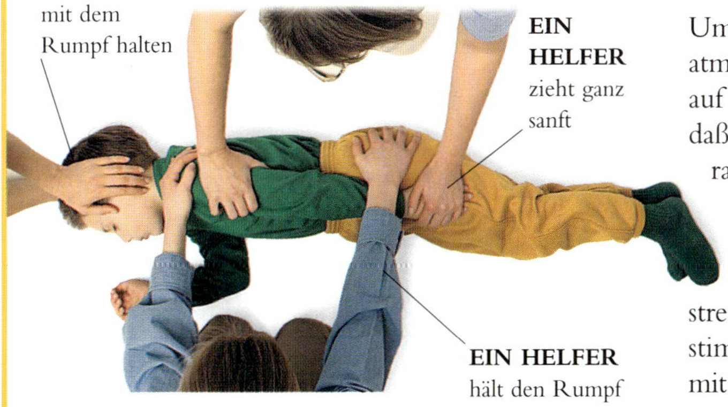


Um ein Kind wiederzubeleben, das nicht mehr atmet, rollen Sie es mit der »Baumstamm-Technik« auf den Rücken. Es ist lebenswichtig für das Kind, daß Sie Kopf, Oberkörper und Füße in einer geraden Linie ausgerichtet halten. Wirklich sicher läßt sich dies nur mit Helfern umsetzen: Während ein Erwachsener den Kopf des Kindes hält, sollten zwei andere die Gliedmaßen sanft strecken und das Kind in einer aufeinander abgestimmten Bewegung herumrollen. Jetzt können Sie mit dem Wiederbeleben beginnen (s. DAS BEWUSSTLOSE BABY, S.16; DAS BEWUSSTLOSE KIND, S.22).

# BEINBRÜCHE

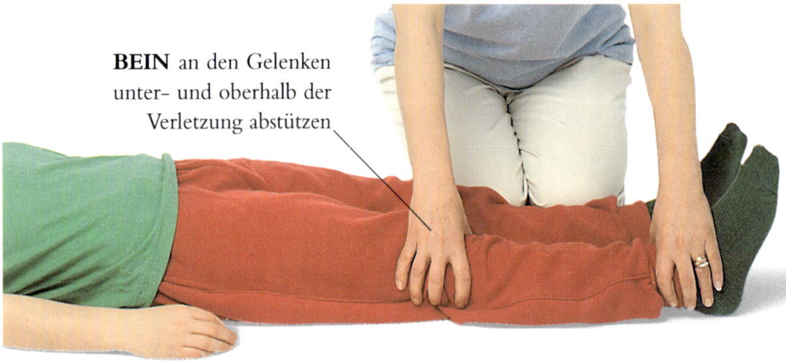

**BEIN** an den Gelenken unter- und oberhalb der Verletzung abstützen

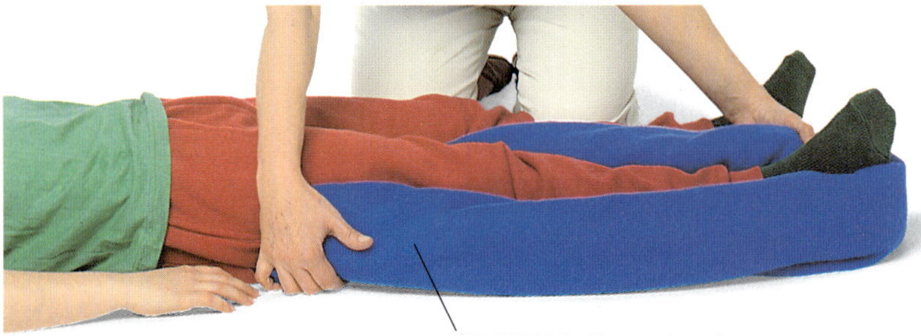

**DECKE** in Form eines J zusammenrollen und um das verletzte Bein legen

**1** Legen Sie das Kind vorsichtig hin, und stützen Sie sein Bein am Knöchel und an den Kniegelenken ab. Bitten Sie, wenn möglich, jemanden um Hilfe.

**2** Stellen Sie das verletzte Bein mit einem Polster ruhig. Legen Sie dazu eine zusammengerollte Decke von außen an das verletzte Bein, eine zweite zwischen die Beine. Halten Sie das Kind ggf. mit einer weiteren Decke warm.

☎ NOTARZT RUFEN



## Breit- und schmalgefaltete Dreieckstuchkrawatten

**DREIECKSTUCH** nehmen

**SPITZE** bis an den unteren Rand umschlagen

**BREITGEFALTETE KRAWATTE**

**VERBAND** nochmals in der Mitte umschlagen

**SCHMALGEFALTETE KRAWATTE**

**BREITGEFALTETE** Krawatte nochmals in der Mitte umschlagen

## Kreuzknoten

**LINKES** Ende (gelb) über das rechte (blau) kreuzen

**GELBES** Ende unter dem blauen herführen und von hinten durchziehen

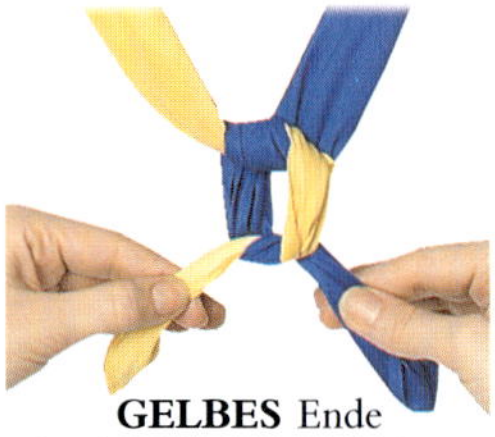

**GELBES** Ende überden blauen Zipfel legen und durch die Schleife ziehen

**BEIDE** Enden fest zusammenziehen

# Wie man ein verletztes Bein schient

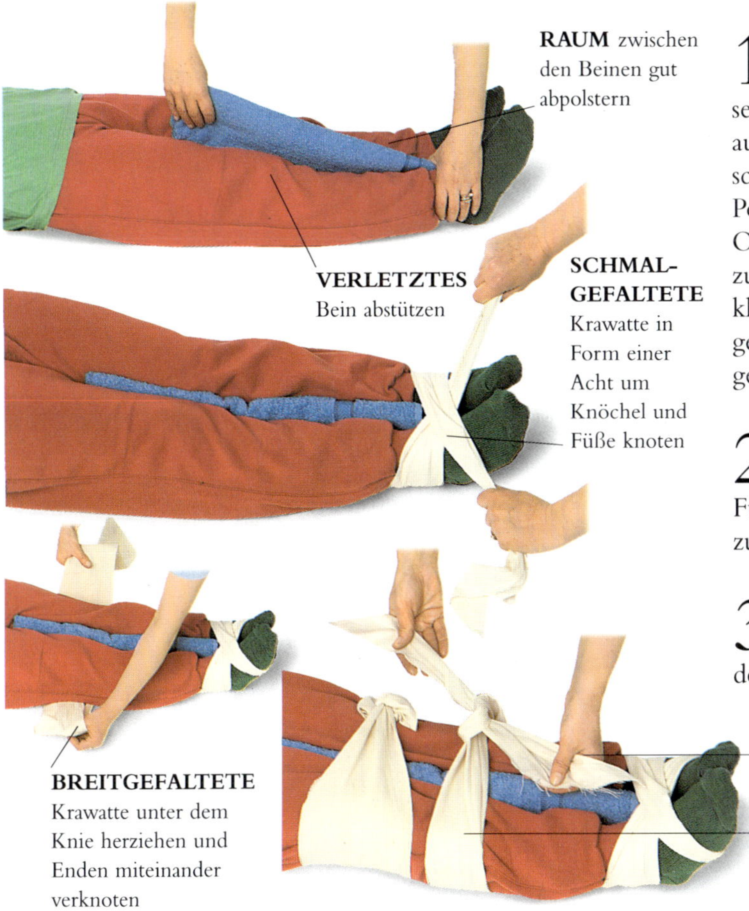

**RAUM** zwischen den Beinen gut abpolstern

**VERLETZTES** Bein abstützen

**SCHMALGEFALTETE** Krawatte in Form einer Acht um Knöchel und Füße knoten

**BREITGEFALTETE** Krawatte unter dem Knie herziehen und Enden miteinander verknoten

**KREUZKNOTEN** auf dem gesunden Bein machen

**BREITGEFALTETE** Krawatte über den Knien und oberhalb der Verletzung anlegen

1 Braucht der Notarzt länger als 30 Minuten (was in Deutschland sehr selten der Fall ist, z.B. bei Unfällen auf Wanderungen im Gebirge etc.), schienen Sie selbst das verletzte Bein. Polstern Sie den Bereich zwischen Oberschenkel, Knien und Knöcheln mit zusammengerollten Handtüchern oder kleineren Decken ab. Legen Sie das gesunde Bein vorsichtig neben das gebrochene.

2 Knoten Sie eine schmalgefaltete Krawatte in Form einer Acht um Füße und Knöchel, um das Bein ruhigzustellen.

3 Knoten Sie eine breitgefaltete Krawatte um die Knie und oberhalb der Verletzung um die Beine.

77

# BECKENBRUCH

**VERLETZUNGEN** *am Becken werden normalerweise durch Quetschungen oder durch einen direkten Stoß verursacht. Es kann zu INNEREN BLUTUNGEN (S.57) und zum SCHOCK (S.30) kommen.*

Legen Sie das Kind vorsichtig mit dem Kopf flach auf den Boden. Polstern Sie den Beinzwischenraum ab. Stellen Sie die Beine mit einer schmalen in Form einer Acht gefalteten Krawatte und einer breitgefalteten Krawatte ruhig (s. oben). Kissen unter den Knien können den Schmerz etwas lindern.

☎ NOTARZT RUFEN

**Einen Beckenbruch erkennen**
*• Stehen oder Gehen unmöglich • Schmerzen und Empfindlichkeit in Hüft- und Leistenregion • Blutungen aus der Harnöffnung*

**LEGEN** *Sie* **KEINEN** *Verband an, wenn dies schmerzt.*

**KOPF** flachlegen

**BREITGEFALTETE** Krawatte um Knie knoten

**POLSTER** zwischen die Knie legen

**SCHMALGEFALTETE** Krawatte in Form einer Acht um die Füße binden

# KNIEVERLETZUNGEN

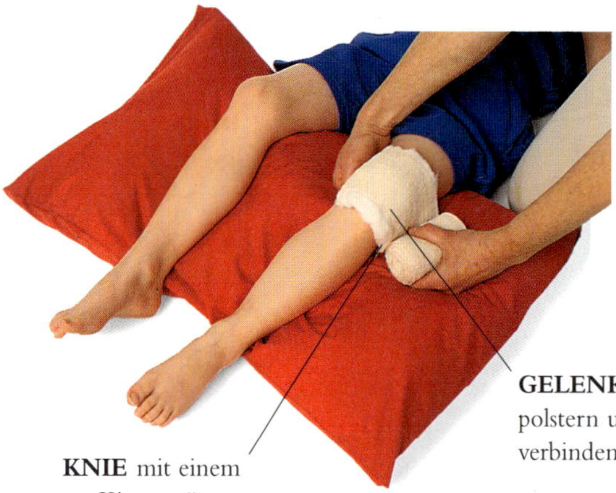

**KNIE** mit einem Kissen stützen

**GELENK** umpolstern und verbinden

1 Helfen Sie dem Kind, sich hinzulegen, und ziehen Sie dann vorsichtig ein Kissen unter die Knie. Polstern Sie den gesamten Kniebereich gut mit Watte oder einer weichen Wundauflage ab.

2 Umwickeln Sie das Polster mit einer Rollbinde, knien Sie sich dabei neben die verletzte Seite.

**VERSUCHEN** *Sie* **NICHT,** *das Knie mit Gewalt zu strecken, da Sie die Verletzung damit noch verschlimmern können.*

**KIND** bequem lagern

**LASSEN** *Sie das Kind* **NICHT** *essen, trinken und auch nicht umhergehen.*

✚ KIND INS KRANKENHAUS FAHREN ODER ☎ NOTARZT RUFEN



# GEBROCHENER FUSS

Brüche am Fuß werden normalerweise durch Quetschungen bzw. Stauchungen hervorgerufen.

**Einen gebrochenen Fuß erkennen**

• *Blaufärbung und Anschwellen* • *Steifheit* • *Probleme mit dem Gehen*

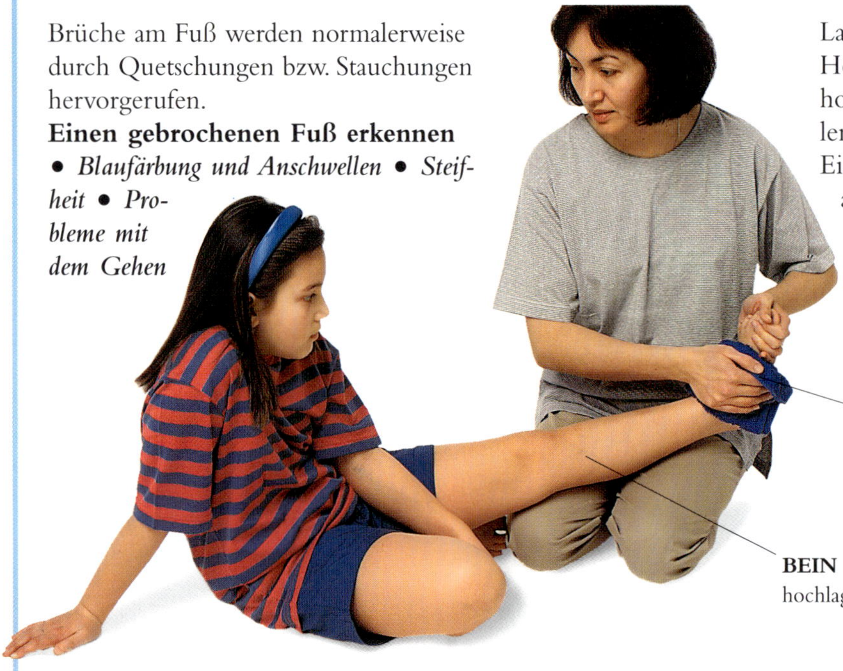

**EISBEUTEL** zum Abschwellen auflegen

**BEIN** hochlagern

Lassen Sie das Kind sich hinsetzen. Heben Sie den verletzten Fuß hoch, und stützen Sie ihn ab. Kühlen Sie die Verletzung mit einem Eiskissen – das Eis aber nicht direkt auf die Haut legen. Fixieren Sie es mit einem Verband.

✚ KIND INS KRANKENHAUS FAHREN

# SCHLÜSSELBEINBRUCH

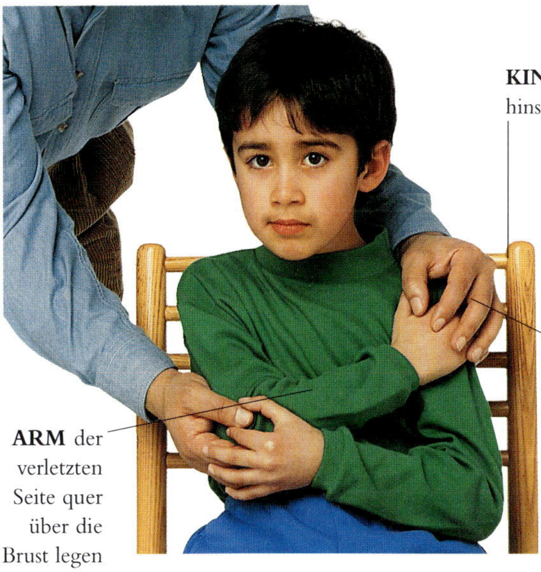


✚ KIND INS KRANKENHAUS FAHREN

Das Schlüsselbein kann durch indirekte Gewaltanwendung brechen, wenn das Kind beispielsweise auf seine ausgestreckte Hand fällt oder einen Schlag auf die Schulter erhält.

**Schlüsselbeinbruch erkennen** • *durch Bewegung zunehmende Schmerzen und Empfindlichkeit* • *zur verletzten Seite hin gedrehter und geneigter Kopf*

1 Lassen Sie das Kind sich hinsetzen, und legen Sie den Arm der verletzten Seite vorsichtig quer über die Brust. Fordern Sie es auf, seinen Ellbogen mit der Hand abzustützen.

2 Lassen Sie das Kind den Arm so festhalten, wie es ihm angenehm ist. Zwingen Sie ihm keine Armhaltung auf. Falls das Festhalten nicht klappt, können Sie auch ein Armtragetuch anlegen.



## Wie man ein Armtragetuch bindet

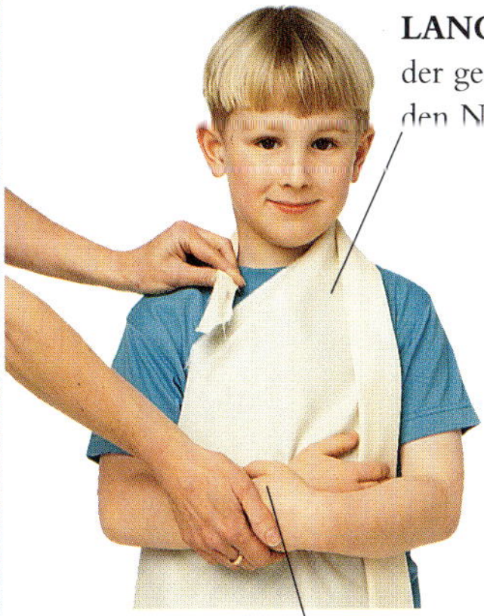


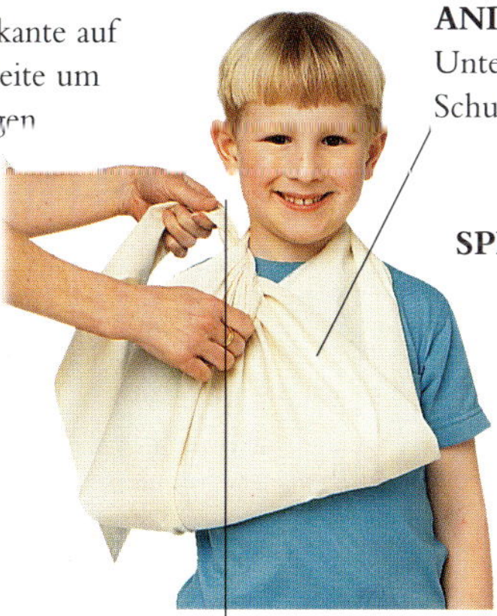


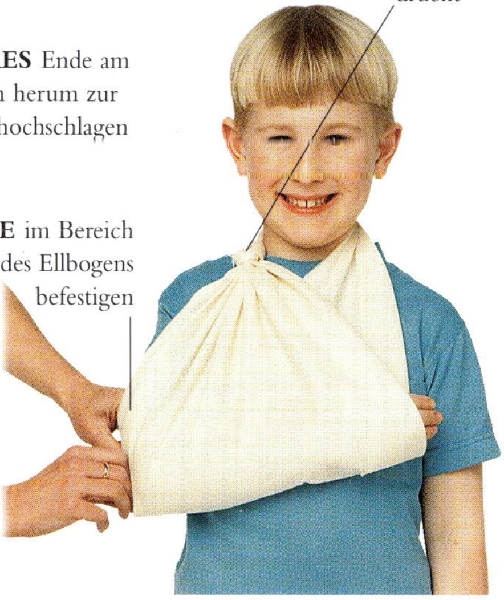


Legen Sie ein Dreieckstuch wie abgebildet um Arm und Nacken.

# ARMBRÜCHE

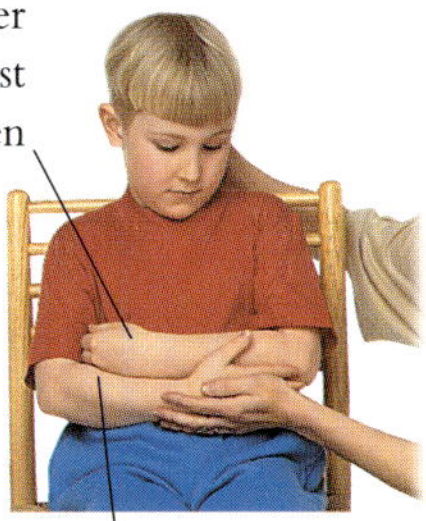


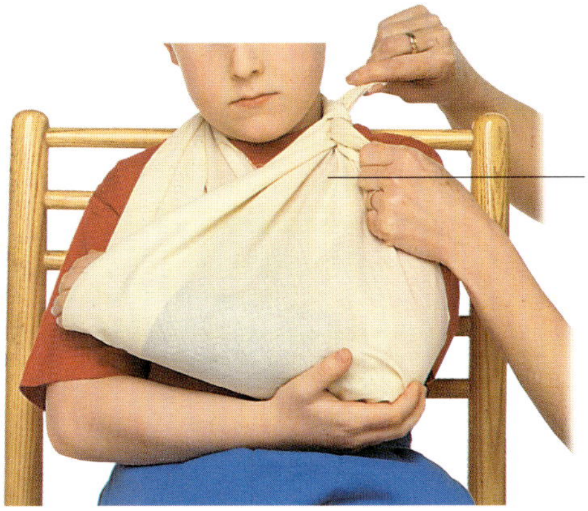


Die unten beschriebene Vorgehensweise gilt für Brüche am Ober- und Unterarm sowie im Handbereich.

1 Lassen Sie das Kind sich hinsetzen und, wenn möglich, seinen verletzten Arm mit der anderen Hand abstützen.

2 Bringen Sie eine Polsterung zwischen Arm und Brust an, um den verletzten Arm ruhigzustellen und ihn darin zu betten.

3 Legen Sie den verletzten Arm in eine ARMSCHLINGE (s.S.110), und sichern Sie diese mit einem KREUZKNOTEN (s. S. 76).

4 Üben Sie das Anlegen einer Armschlinge mit Ihrem Kind, damit Sie im Ernstfall wissen, was zu tun ist!

✚ KIND INS KRANKENHAUS FAHREN

# ELLBOGENBRUCH

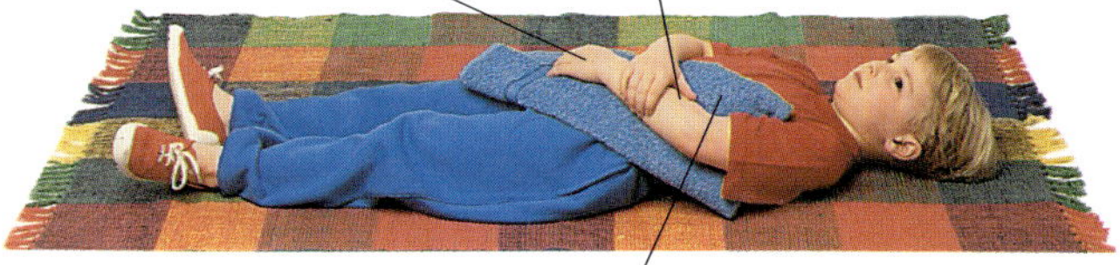


Ellbogenverletzungen erfordern eine spezielle und frühzeitige Behandlung im Krankenhaus.

**Einen Ellbogenbruch erkennen**

• *Zunehmen der Schmerzen beim Versuch, den Ellbogen zu bewegen* • *Steifheit* • *Anschwellen oder Blaufärbung*

**VERSUCHEN Sie NICHT,** *den Ellbogen zu strecken oder zu beugen.*

☎ NOTARZT RUFEN

# RIPPENBRÜCHE

**Rippenbrüche erkennen** • *das Kind hat einen Schlag auf die Brust erhalten, ist schwer gestürzt oder ist hingeworfen worden* • *scharfe Schmerzen an der Bruchseite* • *Schmerzen beim Atmen* • *Zeichen einer inneren Blutung* ★ *offene Wunde über dem Bruch*

Legen Sie den Arm der verletzen Seite in eine ARMSCHLINGE (s.S.110).

✚ KIND INS KRANKENHAUS FAHREN

**BEI BRUSTKORBVERLETZUNGEN** *(s. S. 58) oder INNEREN BLUTUNGEN (s. S. 57),*
☎ NOTARZT RUFEN

## Offene oder mehrfache Rippenbrüche

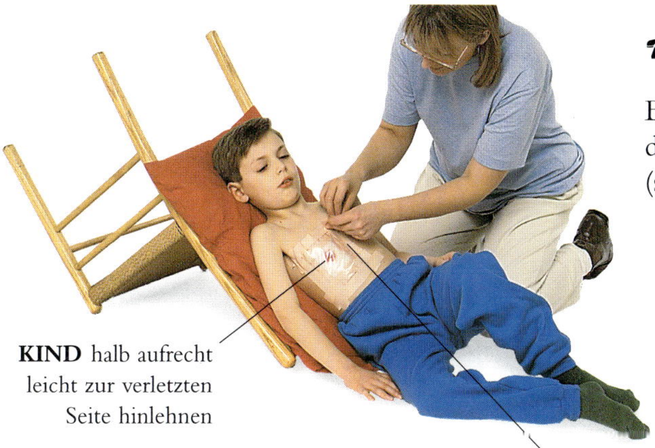

**KIND** halb aufrecht leicht zur verletzten Seite hinlehnen

**WUNDE** mit Kompresse bedecken und ggf. mit Klarsichtfolie fixieren

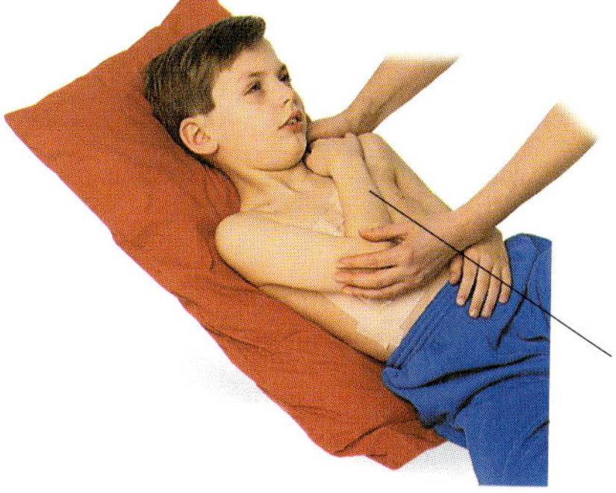

**ARM** der verletzten Seite quer über die Brust legen

☎ NOTARZT RUFEN

Behandeln Sie offene Wunden, und stützen Sie den Brustkorb, um die Atmung zu unterstützen (s. auch BRUSTKORBVERLETZUNGEN, S. 58).

1 Setzen Sie das Kind, mit Kissen abgestützt, halb aufrecht hin. Drehen Sie seinen Körper leicht zur verletzten Seite. Decken Sie Wunden in der Brustwand mit einer sterilen Kompresse ab. Bei Luftnot und einer offensichtlich tiefen Wunde kleben Sie zusätzlich Klarsichtfolie darüber, so daß die Wunde luftdicht verschlossen wird.

2 Legen Sie den Arm der verletzten Seite quer über die Brust des Kindes.

**VERLIERT** *das Kind das Bewußtsein, oder stellen sich Atemschwierigkeiten ein, kontrollieren Sie die Vitalfunktionen (s. DAS BEWUSSTLOSE BABY, S.16; DAS BEWUSSTLOSE KIND, S.22). Bereiten Sie sich aufs Wiederbeleben vor.*

# HANDBRÜCHE

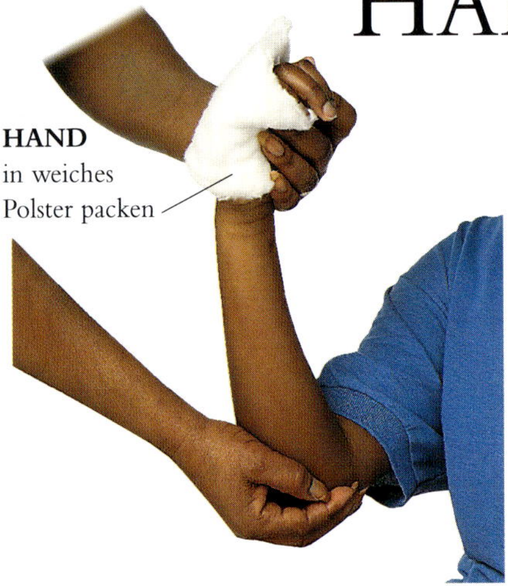


1 Umwickeln Sie die Hand mit einem weichen Wattepolster. Halten Sie die verletzte Hand hoch, um einer Schwellung entgegenzuwirken.

**BEI** *Wunden zuerst die Blutung kontrollieren, indem Sie die Hand hochheben und sanften Druck mit einer sauberen, fuselfreien Kompresse ausüben.*

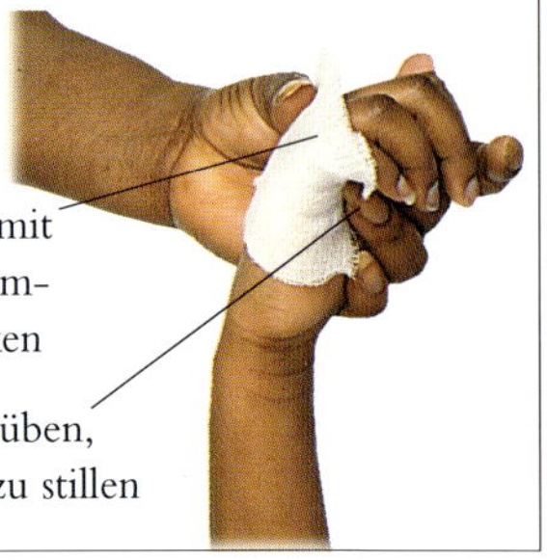


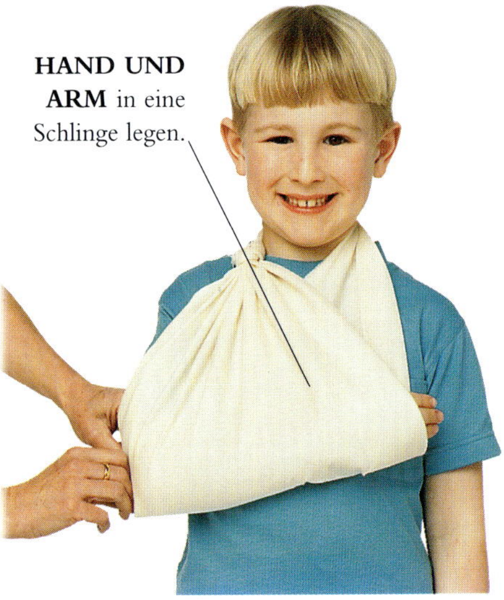


2 Legen Sie den Arm des Kindes in eine ARMSCHLINGE (s. S. 110), um einer Schwellung entgegenzuwirken und die Hand ruhigzustellen.

✚ KIND INS KRANKENHAUS FAHREN

# EINGEKLEMMTE FINGER

Halten Sie die Finger ein paar Minuten lang unter fließend kaltes Wasser, um die Schmerzen zu lindern und einer Schwellung vorzubeugen. Tun die Finger weiter weh, legen Sie eine KALTE KOMPRESSE auf (s. S. 84).

**SIND** *die Finger nach einer halben Stunde immer noch geschwollen, und ist die Bewegung beeinträchtigt, kann ein Bruch vorliegen.*

✚ KIND INS KRANKENHAUS FAHREN

# VERSTAUCHTE KNÖCHEL

Anzeichen für einen verstauchten Knöchel ist, wenn das Kind den Fuß nach einem Sturz oder nachdem es umgeknickt ist, nicht voll belasten kann.

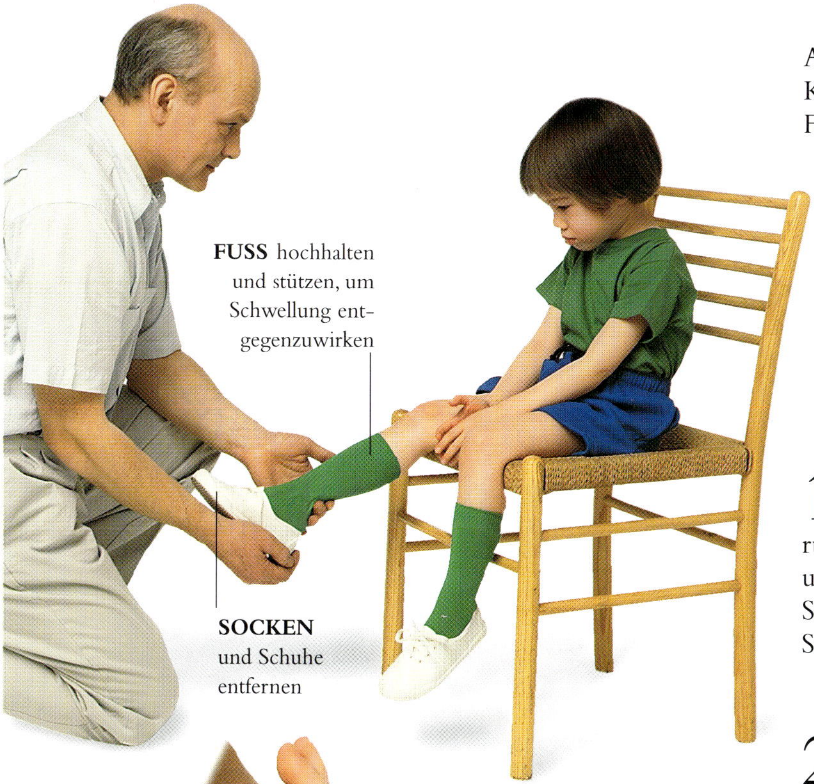


1 Lassen Sie das Kind sich hinsetzen und den Fuß ausruhen. Heben Sie den Fuß hoch, und entfernen Sie vorsichtig Socken und Schuhe, bevor es zur Schwellung kommt.

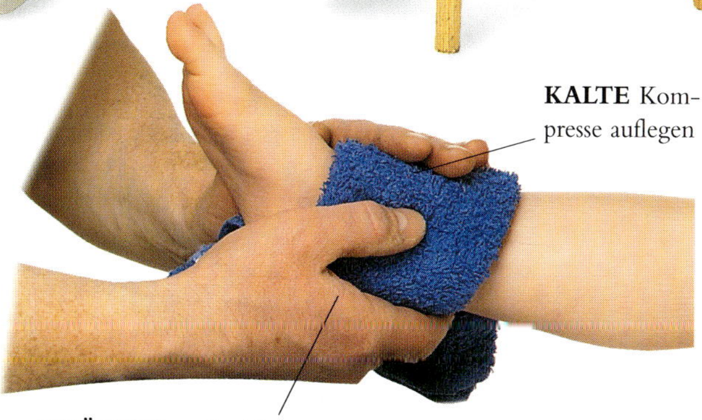


2 Legen Sie, um der Schwellung entgegenzuwirken, eine KALTE KOMPRESSE auf, beispielsweise einen ausgewrungenen, in kaltes Wasser getauchten Waschlappen oder eine Eispackung (s. S. 84).

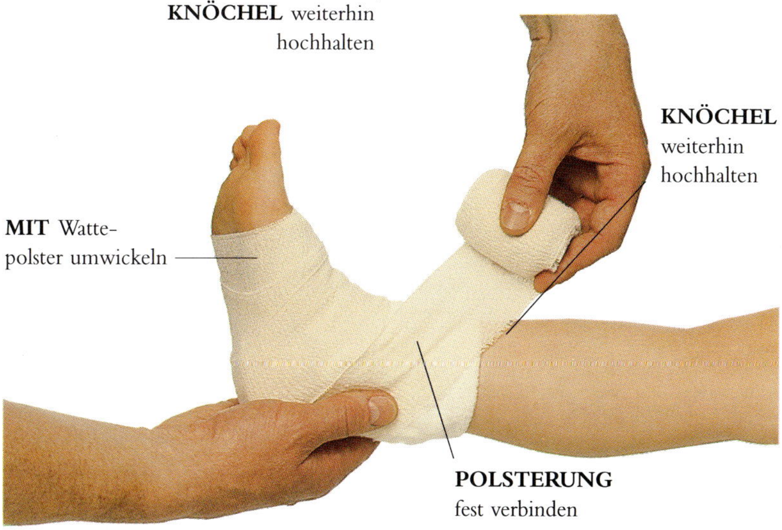


3 Umwickeln Sie den Knöchel mit einer dicken Wattelage. Fixieren Sie das Wattepolster fest mit einem Verband. Halten Sie den Knöchel dabei hoch. Achten Sie darauf, von unten nach oben zu wickeln; umwickeln Sie auch die Ferse, und versuchen Sie, den Fuß rechtwinklig zum Unterschenkel zu stabilisieren (s. Abb.)

✆ ARZT ANRUFEN

**BEI** *Verdacht auf einen Bruch des Fußes, s. S. 78.*
✚ KIND INS KRANKENHAUS FAHREN

# Prellungen und Schwellungen

Nach einem Sturz oder Stoß kann es rasch zu Prellungen, das heißt blauen Flecken oder Schwellungen kommen. Ruhigstellen, Kühlen und Hochlagern der Verletzung tragen zur Symptomlinderung bei.

**VERLETZTEN** Körperteil auf ein Kissen gestützt hochlagern

1 Machen Sie es dem Kind bequem. Heben Sie das verletzte Körperteil an, und lagern Sie es ruhig und hoch.

2 Legen Sie, um einer Schwellung vorzubeugen, etwa zehn Minuten eine kalte Kompresse (s. unten) auf die Verletzung. Ggf. nach fünf Minuten Pause noch einmal wiederholen. Fixieren Sie die Kompresse nötigenfalls mit einem Verband.

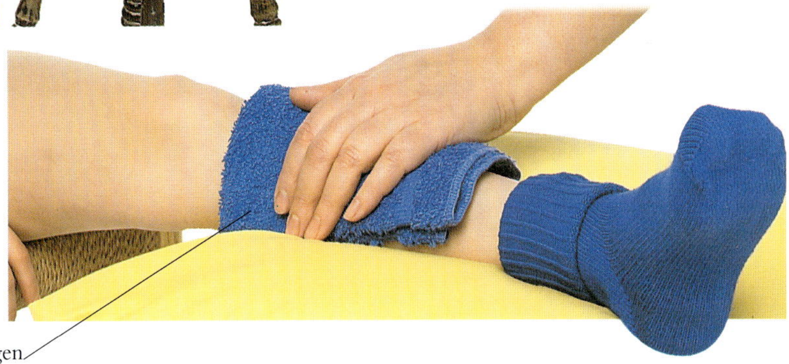

**KALTE** Kompresse auflegen, um einer Schwellung vorzubeugen



## Wie man eine kalte Kompresse herstellt

**Tuch** in kaltes Wasser tauchen und auswringen – nach zehn Minuten erneuern.

**Beutel mit gefrorenen Erbsen** in ein dünnes Handtuch wickeln, bevor er auf die Verletzung gelegt wird.

**Eis** zu zwei Drittel in einen Plastikbeutel füllen, etwas Salz und Wasser dazugeben, dann gut verschließen.

Kalte Kompressen lindern Schmerzen und Schwellungen, indem sie die Durchblutung im Verletzungsbereich verringern. Lassen Sie die Kompresse etwa zehn Minuten auf der Verletzung, dann fünf Minuten Pause und nochmal zehn Minuten auflegen. Die Kompresse sollte möglichst offen, das heißt unbedeckt aufliegen. Müssen Sie sie aber fixieren, verwenden Sie dazu einen Mullverband oder anderes locker gewebtes Material.

# SPLITTER

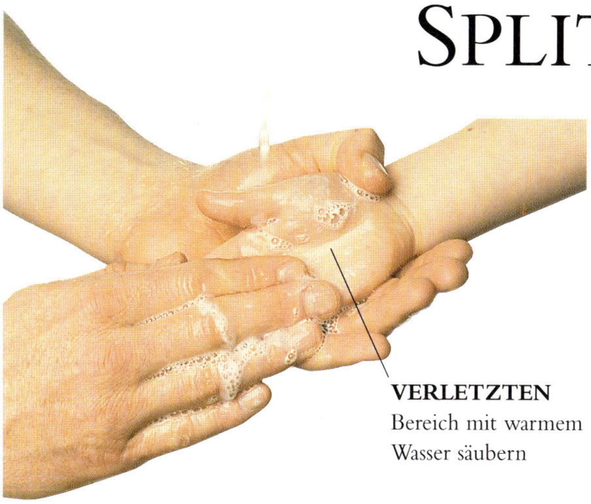

**VERLETZTEN**
Bereich mit warmem Wasser säubern

1 Reinigen Sie den Bereich um den Splitter herum mit warmem Wasser und Seife.

> **IST** *Ihr Kind nicht gegen* TETANUS *geimpft (S.50),* ✆ ARZT ANRUFEN

> **STOCHERN** *Sie* **NICHT** *mit einer Nadel in dem Bereich herum.*

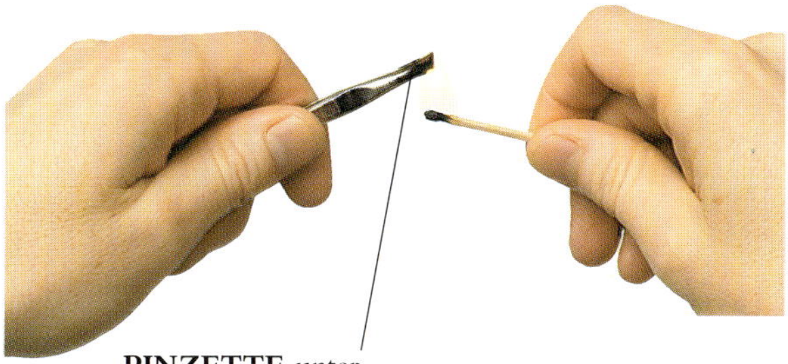

**PINZETTE** unter Flamme sterilisieren

2 Halten Sie eine Pinzette zum Sterilisieren in eine offene Flamme, und lassen Sie sie danach abkühlen. Fassen Sie das sterilisierte Ende nicht mehr an, und wischen Sie auch den Ruß nicht weg.

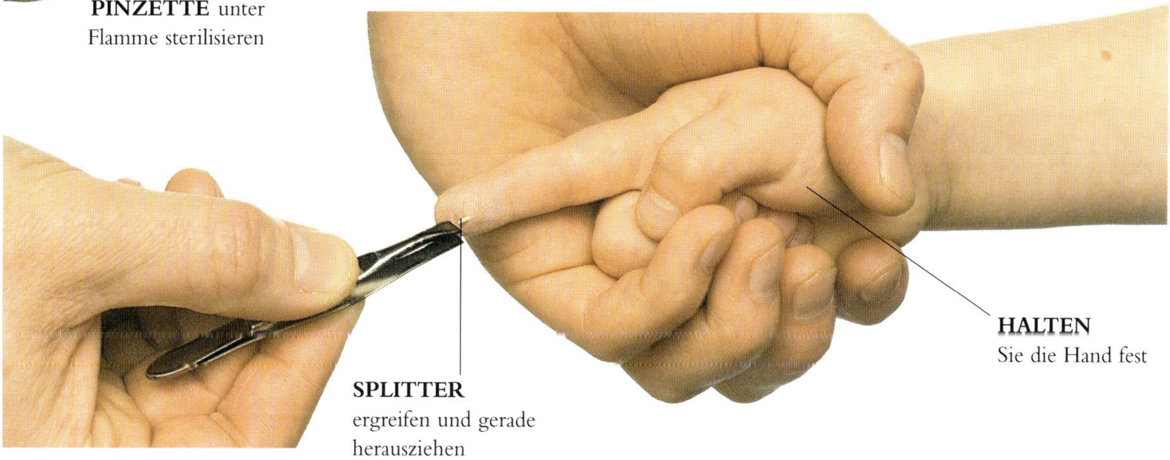

**SPLITTER**
ergreifen und gerade herausziehen

**HALTEN**
Sie die Hand fest



3 Fassen Sie den Splitter möglichst nah am Ansatz, und ziehen Sie ihn im selben Winkel, in dem er eingedrungen ist, wieder heraus.

> **LÄSST** *sich der Splitter nicht einfach entfernen, oder bricht er ab,* ✆ ARZT ANRUFEN

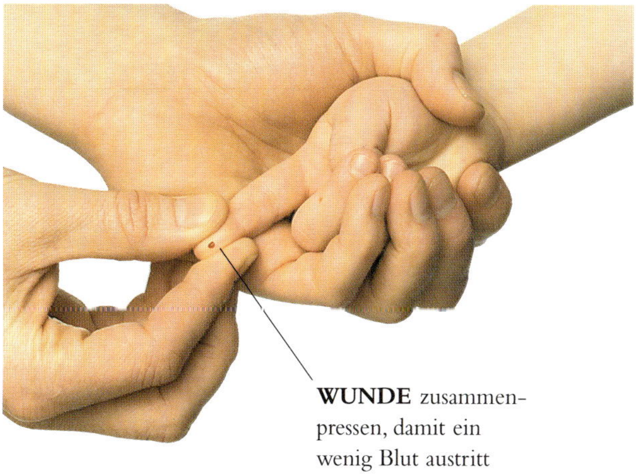

**WUNDE** zusammenpressen, damit ein wenig Blut austritt

4 Pressen Sie die Wunde leicht zusammen, um mit dem so provozierten Austritt von Blut auch Schmutz zu entfernen. Säubern Sie den Verletzungsbereich nochmals, tupfen Sie ihn sorgfältig trocken, und kleben Sie ein Pflaster darauf.

# IM AUGE

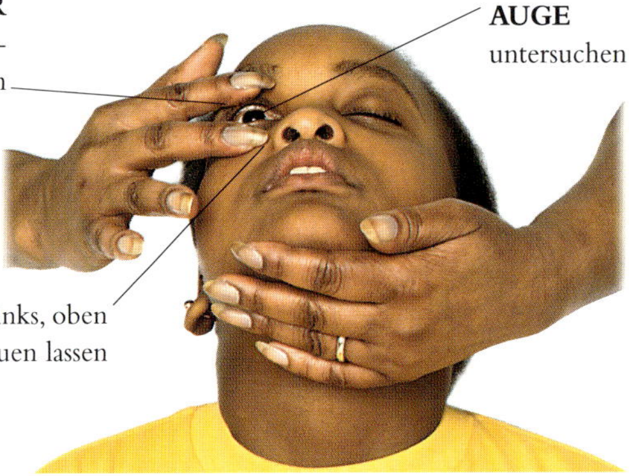


> **VERSUCHEN** *Sie* **NICHT**, *Fremdkörper, die im Auge feststecken, zu berühren oder zu entfernen (s. unten).*

1 Lassen Sie das Kind sich hinsetzen und ins Licht schauen. Ziehen Sie die Augenlider sanft auseinander. Lassen Sie es nach rechts und links, nach oben und unten schauen. Untersuchen Sie das Auge.

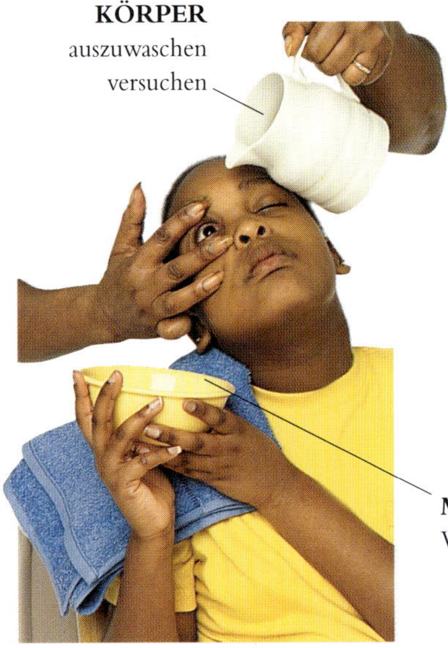


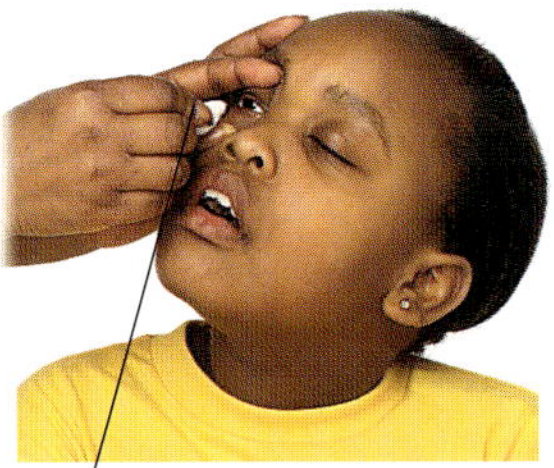


2 Spülen Sie den Fremdkörper mit einem Kännchen sauberem Wasser aus. Beugen Sie dabei den Kopf des Kindes leicht, und gießen Sie das Wasser in den Augeninnenwinkel, so daß es über das gesamte Auge abfließen muß. Entfernen Sie den Fremdkörper mit einem feuchten Tupfer oder Taschentuchzipfel.

3 Befindet sich der Fremdkörper unter dem Augenlid, kann ein älteres Kind das Oberlid schon allein über das Unterlid ziehen. Beim kleineren Kind müssen Sie das tun – wickeln Sie es zuvor in ein Handtuch ein, damit es nicht um sich schlagen kann.

> **BLEIBT** *das Auge rot und entzündet,* ✚ KIND INS KRANKENHAUS FAHREN

## Was tun bei Fremdkörpern, die sich nicht entfernen lassen

Legen Sie eine Kompresse auf das Auge, und verbinden Sie das Ganze so, daß ein leichter Druck ausgeübt wird. Verbinden Sie dann beide Augen, da sich das verletzte Auge automatisch mit dem gesunden mitbewegen würde. Beruhigen Sie das Kind.

✚ KIND INS KRANKENHAUS FAHREN

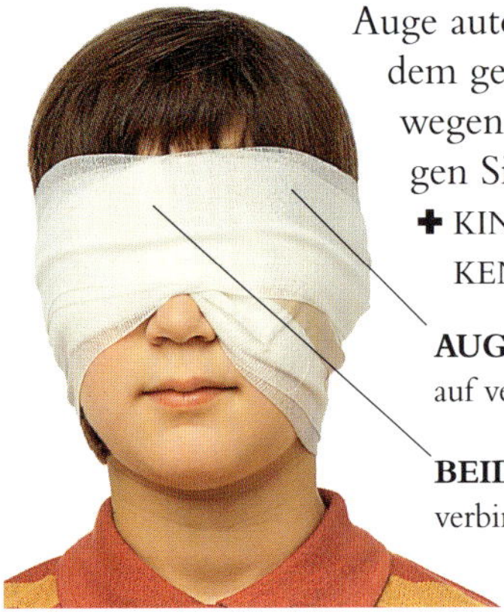

# IM OHR

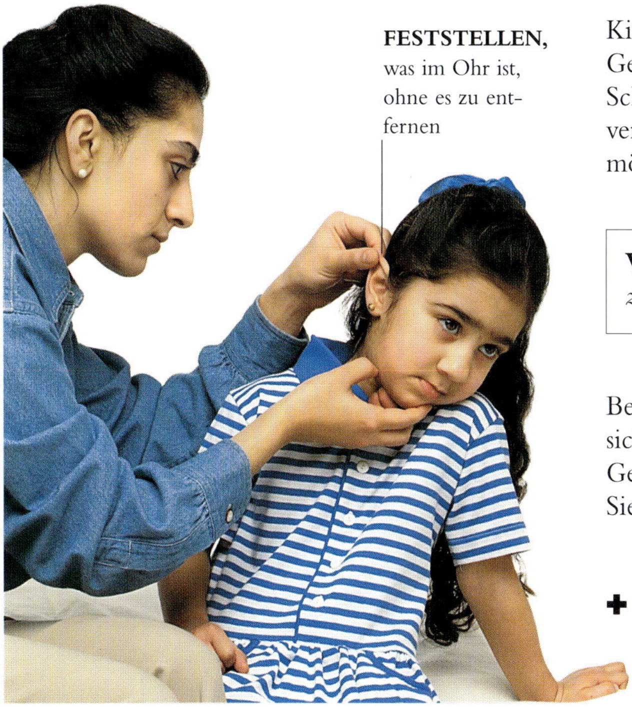


Kinder stecken sich oft Dinge ins Ohr. Ein harter Gegenstand kann sich im Ohr festsetzen und Schmerzen sowie vorübergehende Schwerhörigkeit verursachen. Eine Schädigung des Trommelfells ist möglich.

**VERSUCHEN** *Sie* **NICHT**, *den Gegenstand zu entfernen.*

Beruhigen Sie das Kind, und fragen Sie es, was es sich ins Ohr gesteckt hat. Versuchen Sie nicht, den Gegenstand zu entfernen – auch dann nicht, wenn Sie ihn sehen können.

✚ KIND INS KRANKENHAUS FAHREN



## Ein Insekt im Ohr

Fliegt oder krabbelt Ihrem Kind ein Tierchen ins Ohr, lassen Sie das Kind sich hinsetzen, und stützen Sie seinen Kopf mit dem betroffenen Ohr nach oben ab. Gießen Sie vorsichtig lauwarmes Wasser ins Ohr, so daß das Insekt herausgespült wird.

**LÄSST** *sich das Insekt* **NICHT** *entfernen,*
✚ KIND INS KRANKENHAUS FAHREN

# IN DER NASE

**Fremdkörper in der Nase erkennen** • *beeinträchtigte oder geräuschvolle Nasenatmung* • *übelriechender oder blutiger Ausfluß aus der Nase sprechen für einen schon länger in der Nase sitzenden Fremdkörper*
Beruhigen Sie das Kind, und fordern Sie es auf, durch den Mund zu atmen.

**VERSUCHEN** *Sie* **NICHT,** *den Fremdkörper zu entfernen. Fordern Sie Ihr Kind auf, einmal kräftig zu schneuzen. Wird dadurch der Fremdkörper nicht entfernt,* ✚ KIND INS KRANKENHAUS FAHREN

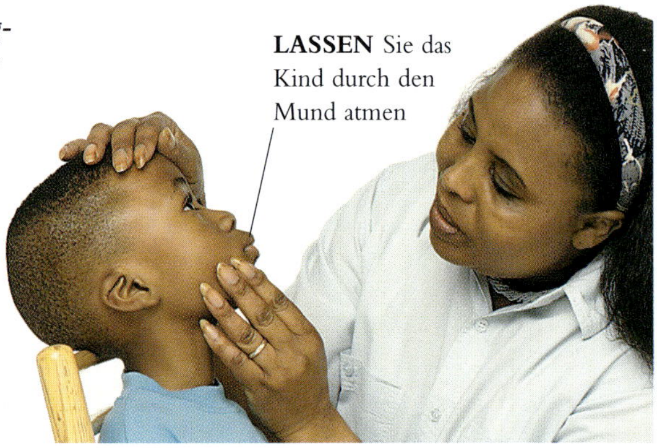

**LASSEN** Sie das Kind durch den Mund atmen

# VERSCHLUCKTER GEGENSTAND

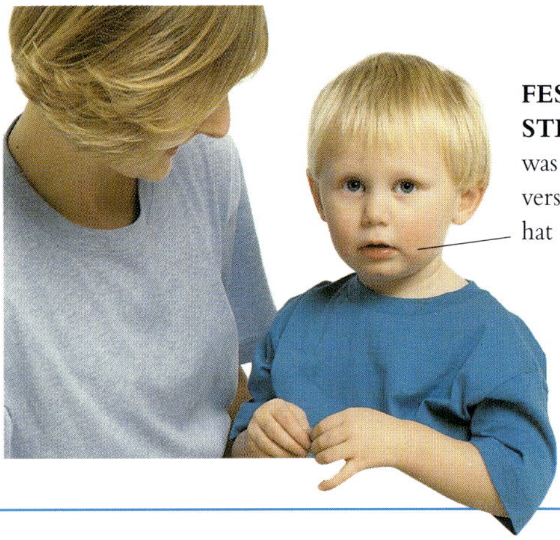

**FESTSTELLEN,** was das Kind verschluckt hat

Stellen Sie fest, was Ihr Kind verschluckt hat. Ist der Gegenstand klein und glatt wie ein Kieselstein oder ein Geldstück, besteht keine große Gefahr.

✆ ARZT ANRUFEN

**IST** *der Gegenstand scharfkantig oder groß, geben Sie dem Kind nichts zu essen oder zu trinken.*
✚ KIND INS KRANKENHAUS FAHREN

88

# INHALIERTE FREMDKÖRPER

Kleine, glatte Gegenstände (z.B. Erdnüsse) können bis in die Lungen gelangen.

Das Kind wird heftig husten. Schauen Sie ihm zuerst in den Mund. Wenn Sie den Fremdkörper nicht entfernen können, legen Sie das Kind über Ihre Knie und schlagen ihm kräftig zwischen die Schulterblätter. Zeigt es auch weiterhin Erstickungssymptome, s. unter VERSCHLUCKEN BEI BABYS, S.36; VERSCHLUCKEN BEI KINDERN, S.38.

✆ ARZT ANRUFEN ODER
✚ KIND INS KRANKENHAUS FAHREN

**KIND** mit dem Kopf nach unten über die Knie legen

**KRÄFTIG** zwischen die Schulterblätter schlagen

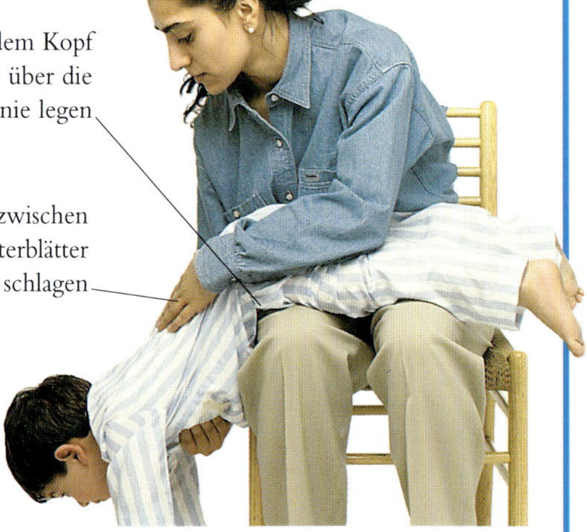

# TIERBISSE

## Oberflächliche Bißverletzungen

**WUNDE** mit fließend warmem Wasser und Seife auswaschen

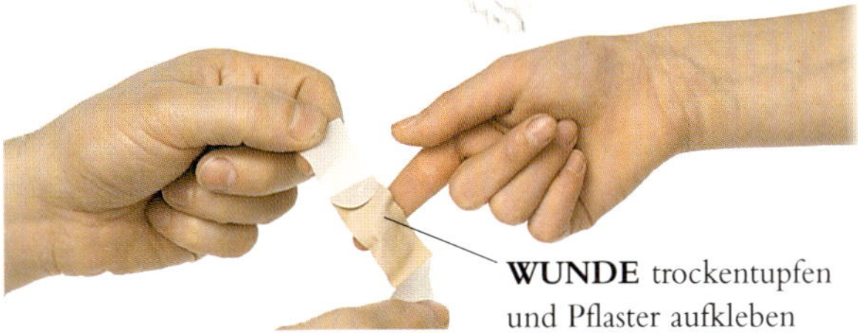

**WUNDE** trockentupfen und Pflaster aufkleben

**VERGEWISSERN** *Sie sich, daß das Kind gegen Tetanus geimpft ist (s.S.50).*

1 Reinigen Sie die Wunde gründlich mit warmem Wasser und Seife. Spülen Sie sie mindestens fünf Minuten unter fließendem Wasser, um Schmutzpartikel zu entfernen.

2 Tupfen Sie die Wunde vorsichtig mit einer sauberen Kompresse oder einem Papiertuch ab. Kleben Sie ein Pflaster oder eine kleine sterile Wundauflage darauf.

✆ ARZT ANRUFEN

## Schwere Bißverletzungen

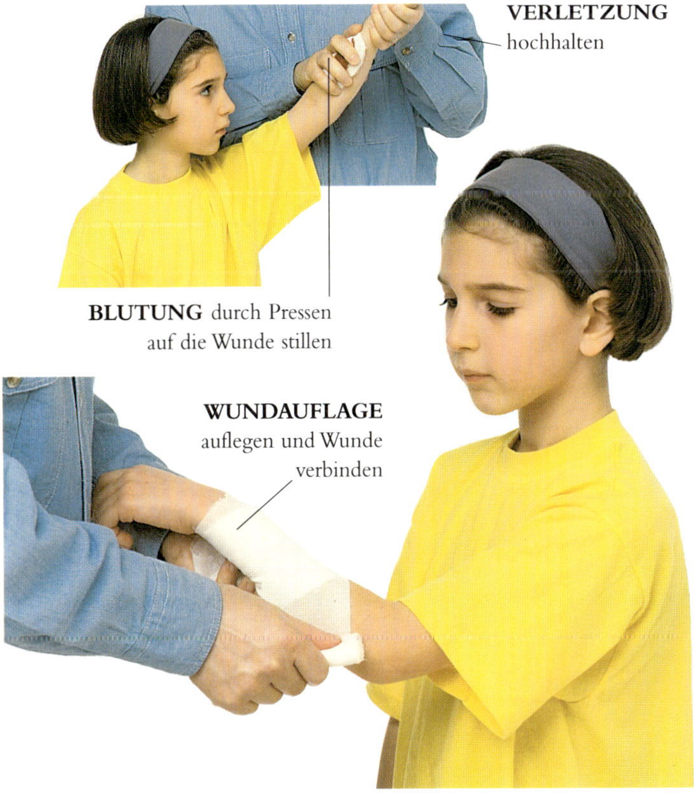

**VERLETZUNG** hochhalten

**BLUTUNG** durch Pressen auf die Wunde stillen

**WUNDAUFLAGE** auflegen und Wunde verbinden

1 Pressen Sie Ihre Hand, am besten mit einer sauberen Wundauflage oder einer Kompresse, direkt auf die Wunde. Halten Sie den verletzten Körperteil hoch.

**BEI** *starken Blutungen s. unter BLUTUNGEN, S.46.*

2 Legen Sie eine sterile Wundauflage oder eine Kompresse auf die Wunde, und verbinden Sie sie.

✚ KIND INS KRANKENHAUS FAHREN

**Achten** *Sie auf Verhaltensänderungen des Kindes in den folgenden Tagen. Bei Verhaltensänderungen oder beim Biß von wilden Tieren kann Tollwutprophylaxe sinnvoll sein.*

✚ KIND INS KRANKENHAUS FAHREN

# INSEKTENSTICHE

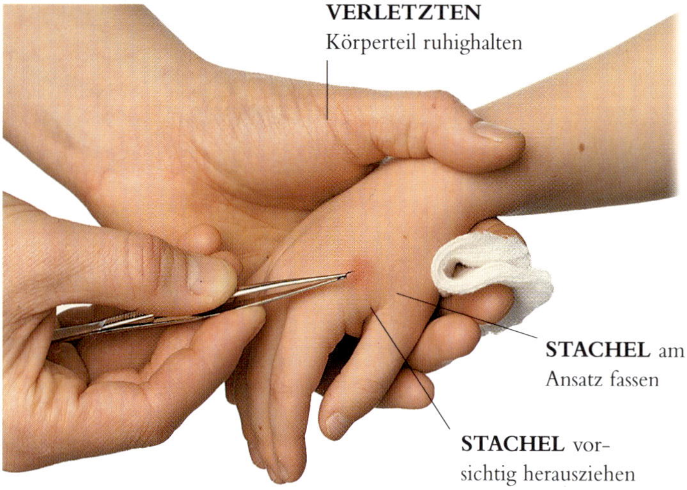

**VERLETZTEN** Körperteil ruhighalten

**STACHEL** am Ansatz fassen

**STACHEL** vorsichtig herausziehen

1 Befindet sich der Stachel noch in der Haut, ziehen Sie ihn mit einer Pinzette heraus, indem Sie ihn möglichst nah am Ansatz fassen. Achten Sie darauf, daß Sie die daran hängende Giftblase nicht zerdrücken, da das Gift sonst in die Wunde gelangen könnte.

**BEKOMMT** *Ihr Kind einen Kreislaufkollaps, ist es möglicherweise allergisch gegen das Insektengift. Behandeln, wie bei* DER ANAPHYLAKTISCHE SCHOCK, *S. 91, beschrieben.*

## Insektenstich im Mund

Wenn das Atmen keine Probleme macht: Geben Sie dem Kind einen Eiswürfel zu lutschen oder kaltes Wasser zu trinken, um die Schwellung zu lindern.

✆ ARZT ANRUFEN

BEI Atemschwierigkeiten ☎ NOTARZT RUFEN

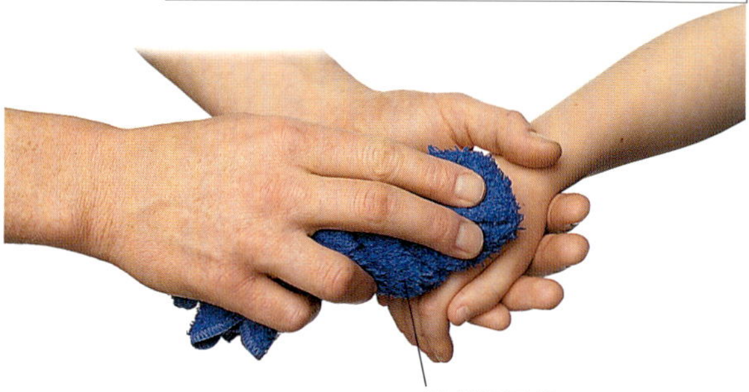

**KALTE** Kompresse auflegen

2 Kühlen Sie den Bereich mit einer KALTEN KOMPRESSE (s. S. 84), um Schmerzen und Schwellungen zu lindern. Lassen Sie die Kompresse etwa zehn Minuten aufliegen; bis dahin müßten die Schmerzen abgeklungen sein. Der verletzte Körperteil ist ruhigzuhalten.

# NESSELAUSSCHLAG

Legen Sie zirka zehn Minuten eine KALTE KOMPRESSE (s. S. 84) auf den Ausschlag; bis dahin müßten die Schmerzen abgeklungen sein. Sie können bei einem Ausschlag auf dem Arm die betroffenen Hautpartien auch unter fließend kaltes Wasser halten.

Bei wirklich ausgedehntem Ausschlag ✆ ARZT ANRUFEN

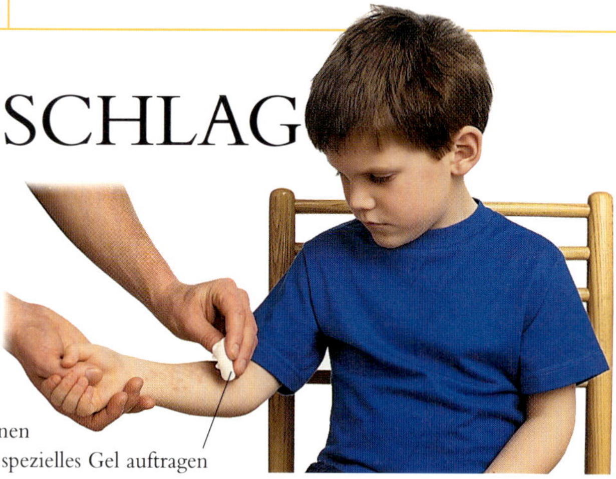

**SIE** können auch ein spezielles Gel auftragen

# DER ANAPHYLAKTISCHE SCHOCK

Hierbei handelt es sich um eine sehr starke allergische Reaktion, die nur wenige Minuten nach Einnahme eines bestimmten Medikaments, eines Stichs von Insekten oder Meerestieren oder nach dem Genuß bestimmter Nahrungsmittel auftreten kann.
Die Reaktion bewirkt ein Zusammenziehen der Atemwege. Eine Anschwellung der Schleimhaut in Gesicht und Rachen erhöht die Erstickungsgefahr.

**Einen anaphylaktischen Schock erkennen**
• *Angstzustände* • *rote, fleckige Haut* • *Schwellung von Gesicht und Hals* • *Aufgedunsenheit um die Augen herum (auch Augenlidschwellung)* • *giemende Atmung* • *Atembeschwerden* • *schneller Puls*

☎ NOTARZT RUFEN

**VERLIERT** *das Kind das Bewußtsein, kontrollieren Sie seine Vitalfunktionen (s. DAS BEWUSSTLOSE BABY, S. 16; DAS BEWUSSTLOSE KIND, S. 22). Atmet es, bringen Sie es in die STABILE SEITENLAGE (s. S. 24). Bereiten Sie sich aufs Wiederbeleben vor.*

**EIN KIND** *mit bekannter Allergie trägt vielleicht ein Notfallmedikament bei sich. Setzen Sie dieses Medikament sofort ein, wenn der Anfall beginnt. Halten Sie sich genauestens an die Anwendungsvorschriften.*

Lagern Sie Ihr Kind in der sogenannten »Schocklage«. Sprechen Sie mit ihm, und beruhigen Sie es, bis der Notarzt kommt.

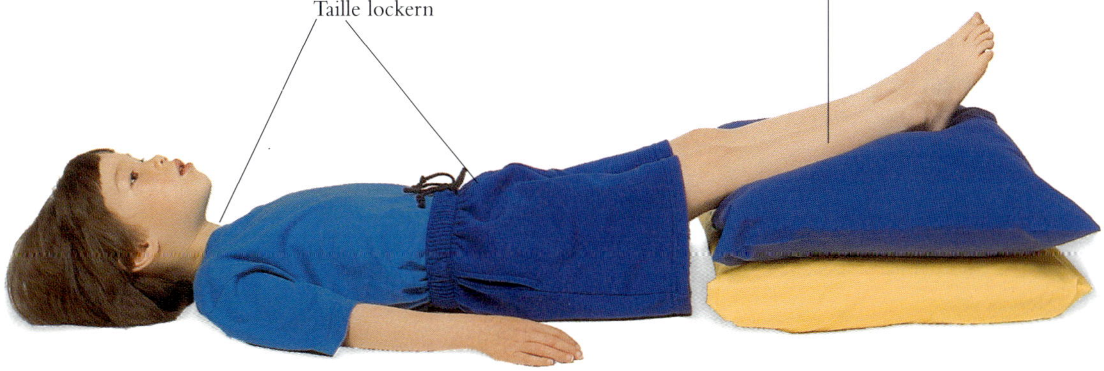

# QUALLENSTICH

Die Nesselzellen der Qualle enthalten in einer Kapsel Borsten und Stacheln, mit denen sie die Haut des Beutetiers durchdringen. Das Sekret der Nesselkapsel hat außerdem eine auch für den Menschen spürbare Giftwirkung. Eine ähnliche Reaktion wird durch Seeanemonen und Korallen ausgelöst.

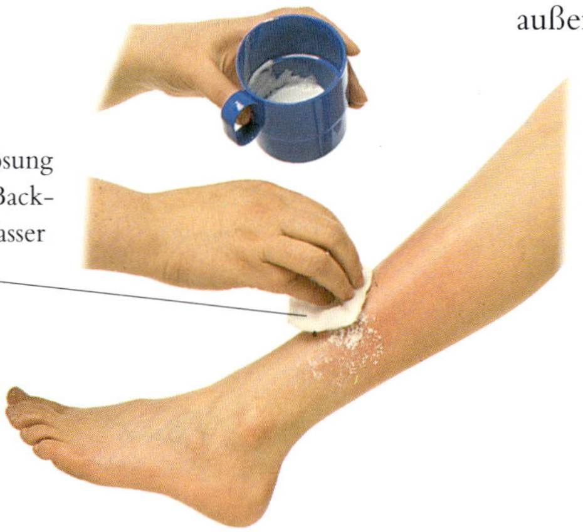

Nur als Notlösung **PASTE** aus Backpulver und Wasser auftragen

**ENTWICKELT** *Ihr Kind eine schwere allergische Reaktion, s. ANAPHYLAKTISCHER SCHOCK, S. 91.*
☎ NOTARZT RUFEN

Geben Sie antiallergische Medikamente, wie beispielsweise Antihistaminika: Fenistil®, ein recht wirksames Präparat, das als Gel verwendet wird. Alternativpräparate sind Combudoron® (pflanzlich; ein Gel), Anaesthesin® (eine Salbe) oder ein einfaches Brand- und Wundgel.

IST *die Haut stark gerötet und schmerzhaft,*
✚ KIND INS KRANKENHAUS FAHREN



# STICH VOM DRACHENFISCH

Wenn Sie bei einem Badeurlaub auf einen Drachenfisch treten, können seine Stacheln die Haut durchbohren und schmerzhafte Schwellungen und Entzündungen hervorrufen. Die Stacheln können abbrechen und im Fuß steckenbleiben.
Halten Sie die Verletzung mindestens 30 Minuten in eine Schüssel mit heißem Wasser. Gießen Sie ab und zu heißes Wasser nach. Aufpassen, daß Sie das Kind nicht verbrühen!

**BLEIBEN** *Stacheln zurück, oder beginnt der Fuß anzuschwellen,*
✚ KIND INS KRANKENHAUS FAHREN

**FUSS** in heißes Wasser tauchen

# SCHLANGENBISSE

**Einen Schlangenbiß erkennen**
*• zwei nebeneinanderliegende punktartige Einstichstellen • starke Schmerzen, Rötung und Schwellung um die Bißstelle • Erbrechen • Sehstörungen • Atembeschwerden • erhöhter Speichelfluß und verstärktes Schwitzen*

**ENTWICKELT** *Ihr Kind einen ANAPYHLAKTISCHEN SCHOCK, s. S. 91.* **VERLIERT** *es das Bewußtsein, s. DAS BEWUSSTLOSE BABY, S. 16; DAS BEWUSSTLOSE KIND, S. 22. Bereiten Sie sich aufs Wiederbeleben vor. Atmet es, bringen Sie es in die STABILE SEITENLAGE (s. S. 24).*

**HINSETZEN** helfen

**VERLETZUNG** tief unter Herzniveau halten

1 Helfen Sie dem Kind, sich zu setzen oder zu legen. Achten Sie darauf, daß sich der verletzte Körperteil unter Herzniveau befindet.

**LASSEN** *Sie das Kind* **NICHT** *umhergehen.*
**VERWENDEN** *Sie* **KEINE** *Abschnürbinde, schneiden Sie die Wunde heraus, oder versuchen Sie, das Gift auszusaugen. Eine genaue Beschreibung der fraglichen Schlange erleichtert dem Arzt später die Behandlung.*

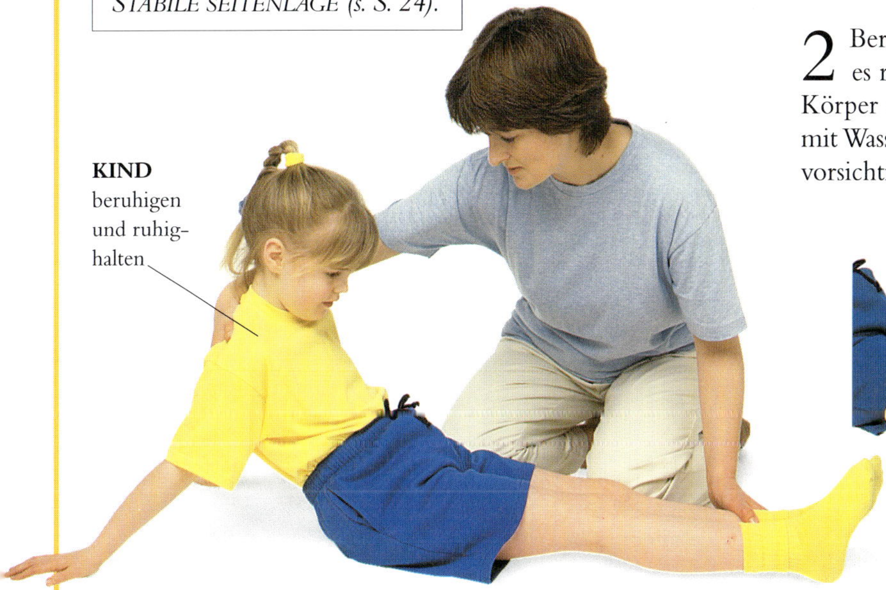

**KIND** beruhigen und ruhighalten

2 Beruhigen Sie das Kind. Halten Sie es ruhig, damit sich das Gift nicht im Körper ausbreitet. Waschen Sie die Wunde mit Wasser und Seife – falls vorhanden – vorsichtig aus.

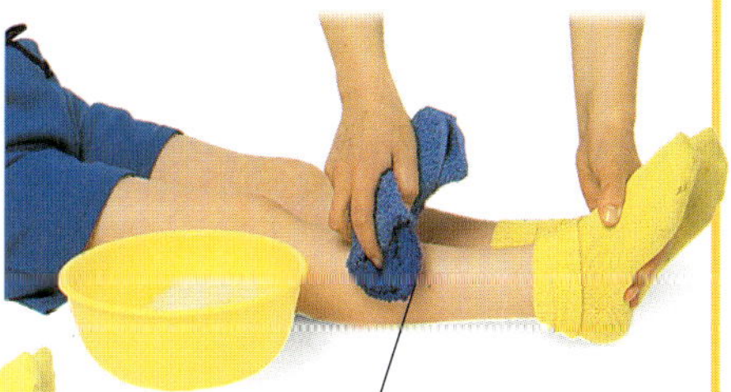

**WUNDE** vorsichtig mit Wasser und Seife auswaschen

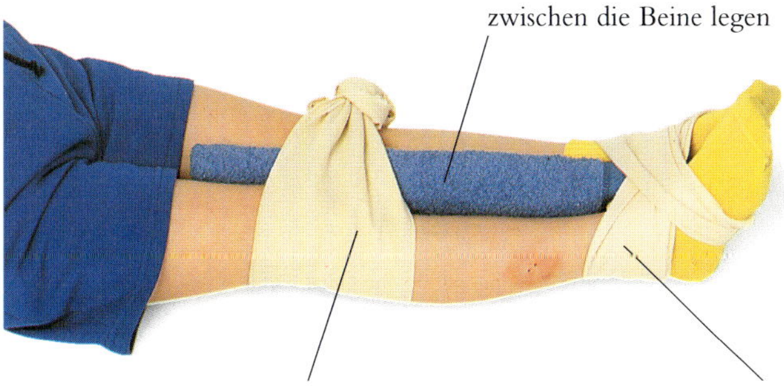

**POLSTERUNG** zwischen die Beine legen

**BREITGEFALTETE** Krawatte um Knie knoten

**SCHMALGEFALTETE** Krawatte um Knöchel knoten

3 Stellen Sie den verletzten Bereich mit einer Polsterung und um Knie und Knöchel gebundene breit- und schmalgefaltete Krawatten (s. S. 76) ruhig.

☎ NOTARZT RUFEN ODER
✚ KIND INS KRANKENHAUS FAHREN

# UNTERKÜHLUNG

Zur Unterkühlung bzw. Hypothermie kommt es bei stark absinkender Körpertemperatur. Starke Unterkühlung ist sehr gefährlich. Bei älteren Kindern kommt es meist zur Unterkühlung, wenn sie sich draußen unter sehr schlechten Wetterbedingungen überanstrengt haben oder nachdem sie in sehr kaltes Wasser gefallen sind (Babys s. S. 95).

**Unterkühlung erkennen** • *Zittern* • *kalte, blaße, trockene Haut* • *Teilnahmslosigkeit oder Verwirrtheit* • *langsame, flache Atmung* • *schwächer werdender Puls*

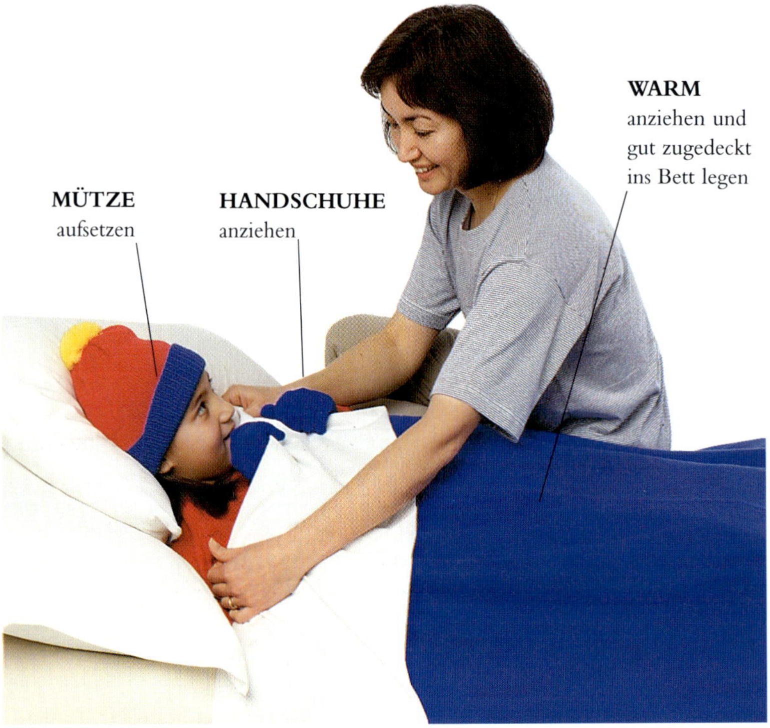


1 Wenn das Kind nur leicht unterkühlt ist, können Sie es natürlich mit einem warmen Bad wärmen. Bei starker Unterkühlung kann das aber gefährlich sein. Dann muß die Wärme von innen kommen und darf nicht einfach von außen – etwa mit dem Badewasser – zugeführt werden.

2 Trocknen Sie das Kind ab, wenn es naß ist. Ziehen Sie ihm warme Sachen an, bringen Sie es zu Bett, und decken Sie es zu. Noch besser sind spezielle Aludecken gegen den Wärmeverlust. Setzen Sie ihm eine Mütze auf, und sorgen Sie dafür, daß der Raum warm genug ist. Bleiben Sie bei dem Kind.

✆ ARZT ANRUFEN

**BRINGEN** *Sie* **KEINE** *direkte Wärmequelle, wie eine Wärmflasche, auf die Haut des Kindes. Es darf sich nur ganz allmählich wieder aufwärmen.*

3 Geben Sie dem Kind etwas Warmes zu trinken und etwas Hochkalorisches wie Schokolade zu essen. Lassen Sie es nicht allein, bevor Haut und Temperatur wieder normal sind.

**VERLIERT** *das Kind das Bewußtsein, kontrollieren Sie seine Vitalfunktionen (s. DAS BEWUSSTLOSE BABY, S.16; DAS BEWUSSTLOSE KIND, S.22). Bereiten Sie sich aufs Wiederbeleben vor.*

☎ NOTARZT RUFEN

# Unterkühlung bei Babys

Die Wärmeregulierung ist beim Baby noch nicht voll entwickelt. Es kann schnell Körperwärme verlieren und sich in einem kalten Raum unterkühlen. Ein unterkühltes Baby darf nur ganz allmählich aufgewärmt werden.

**Unterkühlung beim Baby erkennen** • *rosa und gesund aussehende Haut, die sich kalt anfühlt* • *das Baby wirkt schlapp und ungewöhnlich ruhig* • *verweigert die Nahrungsaufnahme*

✆ ARZT ANRUFEN
oder bei stärkerer Unterkühlung lieber gleich
☎ NOTARZT RUFEN

Wärmen Sie Ihr Baby schrittweise auf. Bringen Sie es in einen warmen Raum. Hullen Sie es in Decken ein. Setzen Sie ihm eine Mütze auf, und drücken Sie es gegen Ihren Körper.

# FROSTBEULEN

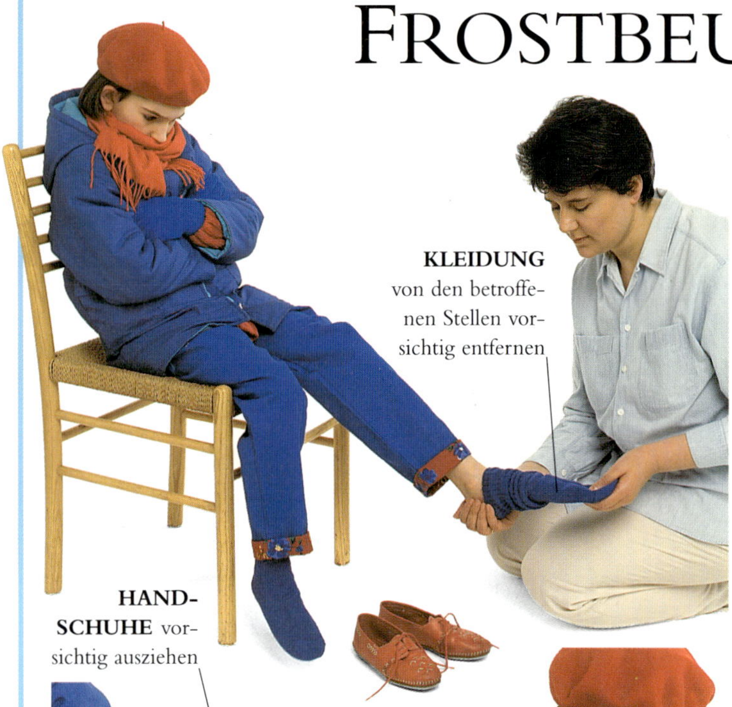


Unter extremen Wetterbedingungen können sich Kinder Erfrierungen an Fingern und Zehen zuziehen. Bringen Sie Ihr Kind ins Warme, bevor Sie mit der Behandlung beginnen.

**Frostbeulen erkennen** • ***eingeschlafene Glieder*** • ***Taubheitsgefühl*** • ***sich hart und steif anfühlende Haut, die weiß und wächsern wird***

1 Bringen Sie das Kind ins Warme. Lassen Sie es sich setzen, und entfernen Sie ganz vorsichtig Socken und Schuhe.

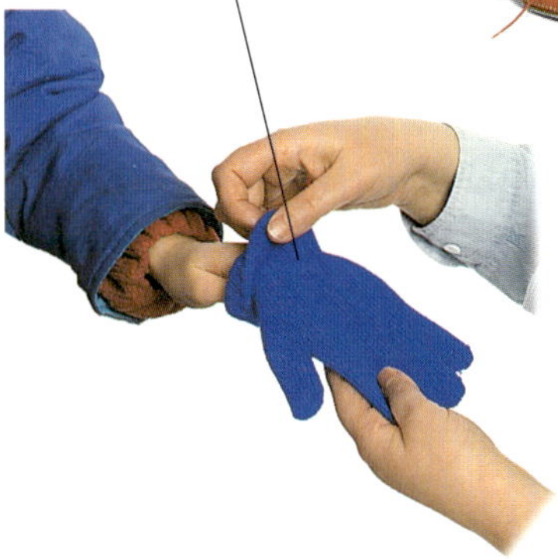

2 Entfernen Sie Handschuhe und Ringe. Ziehen Sie seinen Mantel aus, und fordern Sie es auf, die Hände unter den Achseln zu wärmen.

3 Bei Erfrierungen an Füßen oder Zehen heben Sie – um Schwellungen entgegenzuwirken und zu wärmen – die Füße des Kindes hoch und wärmen die Zehen unter Ihren eigenen Achselhöhlen.

**WÄRMEN** *Sie* **KEINESFALLS** *durch Rubbeln oder Auflegen direkter Wärmequellen wie Wärmflaschen.* **STECHEN** *Sie Blasen* **NIE** *auf.*

4 Ist die Haut aufgerissen, oder kehrt die Farbe nicht schnell wieder zurück, legen Sie eine weiche Mullkompresse darauf und verbinden sie locker.

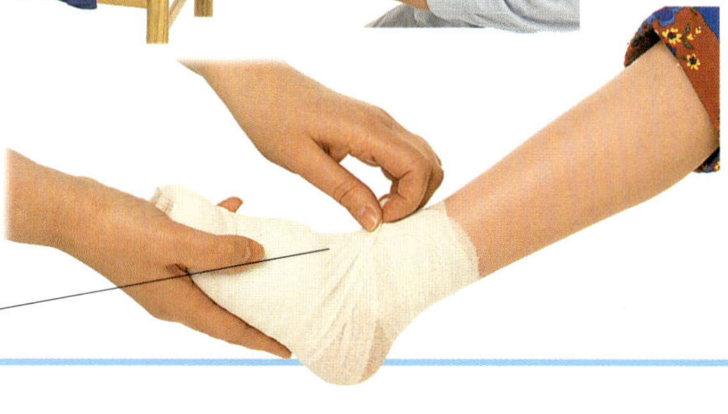


✚ KIND INS KRANKENHAUS FAHREN

# HITZEERSCHÖPFUNG

Diese Störung kann bei feuchtheißem Wetter auftreten und wird durch Dehydratation verursacht. Kranke Kinder, vor allem solche, die an Durchfall und Erbrechen leiden, und Kinder, die es nicht gewohnt sind, in der Hitze zu spielen, sind besonders gefährdet.

**Eine Hitzeerschöpfung erkennen** • *Kopfschmerzen und Schwindel* • *Übelkeit* • *Schweißausbrüche* • *Temperatur ungefähr 39 Grad Celsius*

1 Bringen Sie das Kind in den Schatten oder in einen kühlen Raum. Helfen Sie ihm, sich hinzulegen.

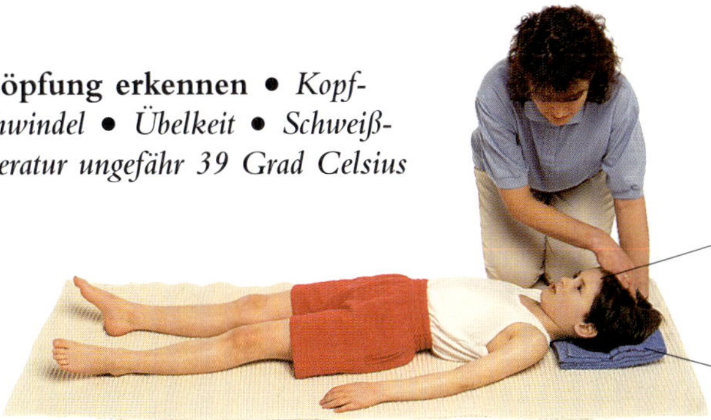


2 Heben Sie die Beine des Kindes an, und lagern Sie sie auf einem Stapel Kissen. Das verbessert die Blutzufuhr zum Gehirn. Fordern Sie es auf, liegenzubleiben.

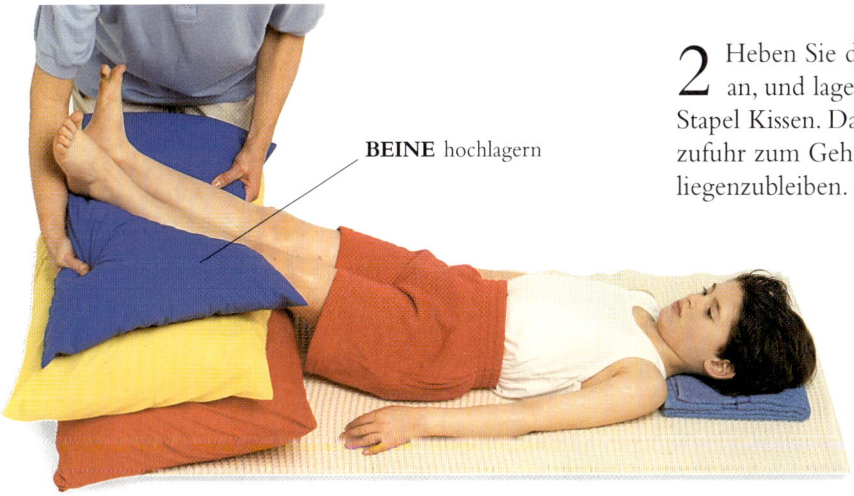


3 Helfen Sie dem Kind, sich aufzusetzen und möglichst viel kaltes Mineralwasser oder kalten Kräutertee oder mit Mineralwsser verdünnten Fruchtsaft zu trinken, um den Salz- und Flüssigkeitsverlust auszugleichen.

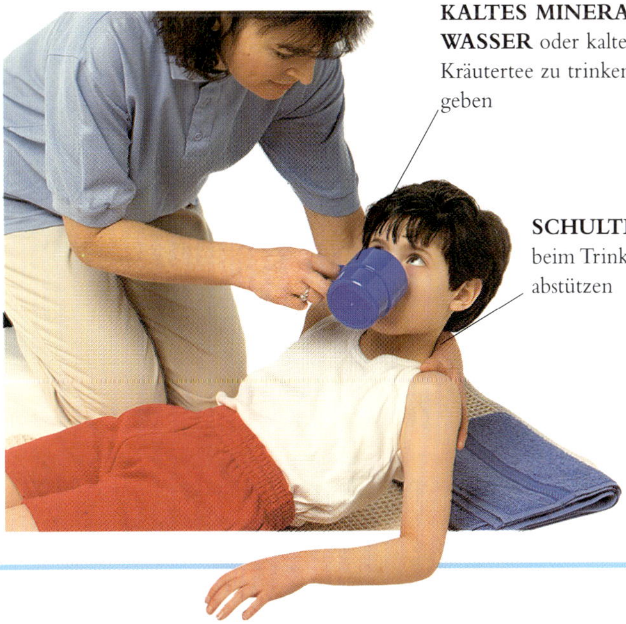


**VERLIERT** *das Kind sein Bewußtsein, kontrollieren Sie die Vitalfunktionen (s. DAS BEWUSSTLOSE BABY, S.16; DAS BEWUSSTLOSE KIND, S.22). Bereiten Sie sich aufs Wiederbeleben vor. Atmet es, bringen Sie es in die STABILE SEITENLAGE (s. S. 24).*

☎ NOTARZT RUFEN

# HITZSCHLAG

Bei starker Überhitzung des Körpers kann es zum Hitzschlag kommen.

**Einen Hitzschlag erkennen** • *plötzliches Auftreten von Kopfschmerzen* • *Verwirrtheit* • *heiße, gerötete, trockene Haut* • *schnell schlechter werdende Reaktionen* • *voller, jagender Puls* • *Temperatur 40 Grad Celsius und mehr*

**TRITT** *der Hitzschlag bei einem Baby oder kleinerem Kind auf, ziehen Sie es komplett aus, und reiben Sie es von oben nach unten naß ab (s.S.101).*
☎ NOTARZT RUFEN

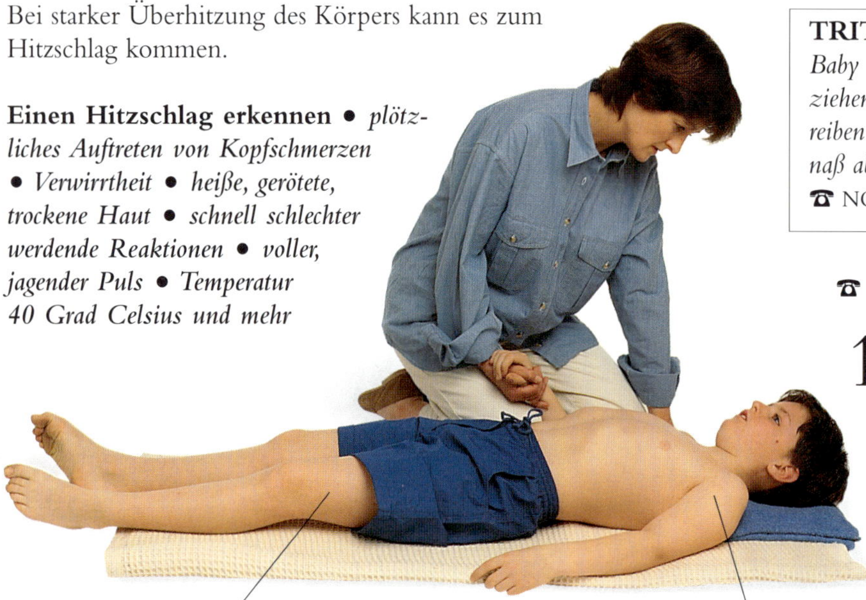

**KIND** in kühlem Raum hinlegen

**KLEIDUNG** ausziehen

☎ ARZT ANRUFEN

1 Legen Sie das Kind an einem kühlen Platz flach nieder, und ziehen Sie ihm alle Kleidungsstücke aus. Legen Sie ein zusammengefaltetes Handtuch oder Kissen unter seinen Kopf, und reden Sie ruhig mit ihm.

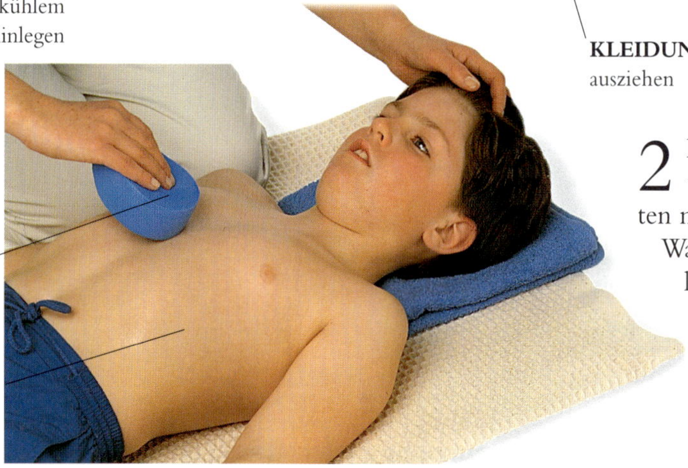

**GESICHT** und Körper mit lauwarmem Wasser abreiben

**HAUT** lufttrocknen lassen

2 Reiben Sie das Kind immer wieder von oben nach unten mit kaltem oder lauwarmem Wasser ab. Lassen Sie die Haut lufttrocknen.

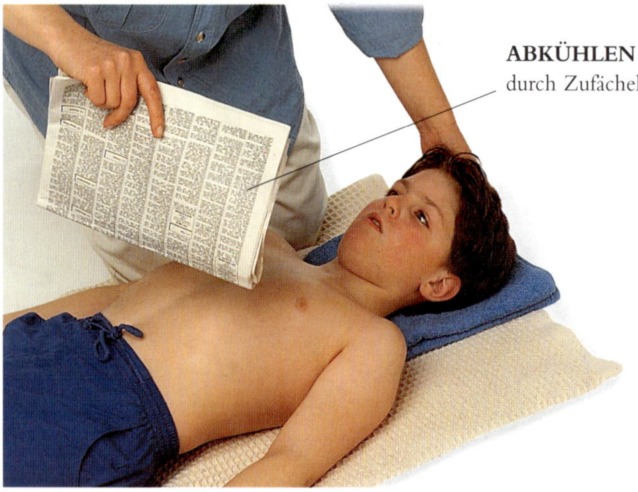

**ABKÜHLEN** durch Zufächeln

3 Fächeln Sie dem Kind mit der Hand oder einem Ventilator Luft zu, um die Temperatur zu senken.

**VERLIERT** *das Kind sein Bewußtsein, kontrollieren Sie die Vitalfunktionen (s. DAS BEWUSSTLOSE BABY, S.16; DAS BEWUSSTLOSE KIND, S.22). Bereiten Sie sich aufs Wiederbeleben vor. Atmet es, bringen Sie es in die STABILE SEITENLAGE (s. S. 24).*
☎ NOTARZT RUFEN

# SONNENBRAND

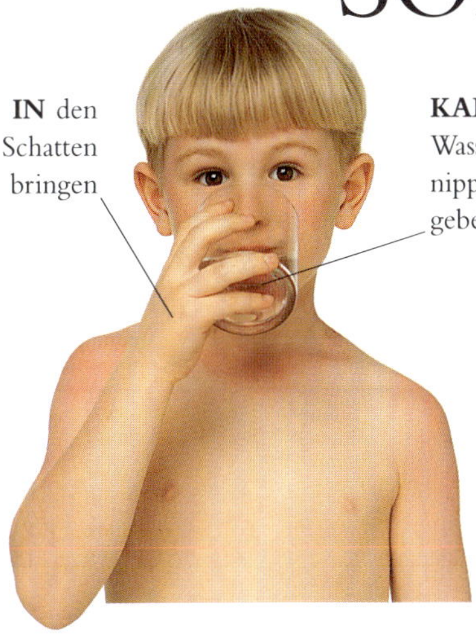


Ein Sonnenbrand macht die Haut rot, juckend und schmerzhaft. Babys und kleine Kinder sollten in der Sonne einen Hut tragen und mit einem guten Sonnenschutz eingecremt werden oder Kleidung tragen.

**BEI** *Blasenbildung*
✆ ARZT ANRUFEN

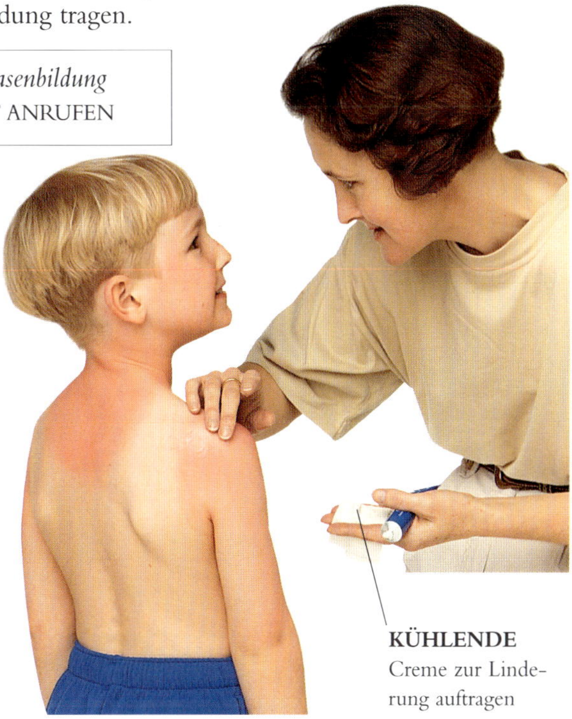


1 Bringen Sie das Kind in den Schatten oder in einen kühlen Raum, und geben Sie ihm etwas Kaltes zu trinken.

2 Tragen Sie eine spezielle After-Sun-Creme zur Beruhigung der Haut auf.

**TRETEN** *beim Kind Unruhe, gerötete Haut, Schwindel, erhöhte Temperatur oder Kopfschmerzen auf, s.* *HITZSCHLAG, S. 98.*



# WÄRME-AUSSCHLAG

**Einen Wärmeausschlag erkennen** • ***körniger, roter Ausschlag, vor allem im Bereich um die Schweißdrüsen auf Brust und Rücken und unter den Armen***

Setzen Sie das Kind in einen kühlen Raum, und ziehen Sie es aus. Reiben Sie es von oben nach unten mit kaltem Wasser ab. Trocknen Sie es mit einem weichen Handtuch oberflächlich ab, lassen Sie die Haut aber noch leicht feucht.

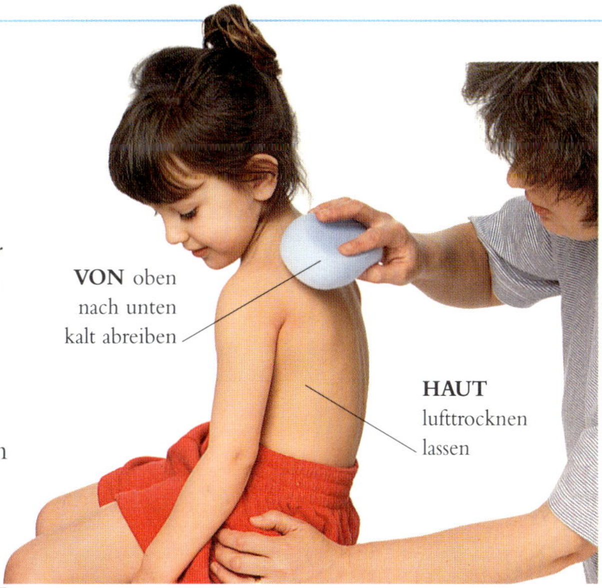


**BEKOMMT** *Ihr Baby einen Wärmeausschlag, ziehen Sie ihm zum Abkühlen ein paar Sachen aus, oder baden Sie es in lauwarmem Wasser. Trocknen Sie es sanft ab, lassen Sie die Haut aber noch leicht feucht.*

**KLINGT** *der Ausschlag nach 12 Stunden nicht ab, oder steigt die Temperatur,* ✆ ARZT ANRUFEN

# FIEBER

Eine Körpertemperatur von mehr als 38 Grad Celsius bezeichnet man als Fieber. Ursache ist meist eine Infektion. Hat das Kind darüber hinaus noch schlimme Kopfschmerzen, lesen Sie auf Seite 101 die Informationen zum Thema MENINGITIS. Leichtes Fieber ist nicht weiter tragisch, eine Temperatur von über 40 Grad dagegen kann, vor allem bei Babys und sehr kleinen Kindern, gefährlich werden.

**Fieber erkennen** • *erhöhte Temperatur* • *sehr blasses Gesicht und Schüttelfrost mit Gänsehaut* • *Zittern mit aufeinanderschlagenden Zähnen*
**Bei fortgeschrittenem Fieber** • *Heiße, gerötete Haut* • *Gliederschmerzen* • *Schweißausbrüche* • *Kopfschmerzen*

**TEMPERATUR** messen

**THERMOMETER** unter die Achsel pressen

1 Stecken Sie dem Kind die Thermometerspitze in den Anus, notfalls auch unter die Achsel. Elektronische Digitalthermometer sind am praktischsten.

**KIND** aufs Bett oder Sofa legen

2 Legen Sie das Kind bequem auf das Sofa oder Bett, decken Sie es aber nicht zu. Achten Sie darauf, daß es viel Wasser oder verdünnten Fruchtsaft trinkt.

**VIEL** zu trinken geben

**PARACETAMOL,** etwa als Saft, zur Fiebersenkung geben

3 Sie können Ihrem Kind zur Fiebersenkung auch Paracetamol – am besten als Saft oderauch als Zäpfchen – geben. Halten Sie sich dabei an die Dosieranweisungen. Ist das Kind sehr heiß, reiben Sie es kalt von oben nach unten ab (s. S. 99).

**KINDER** *unter drei Monaten sollten Paracetamol nur dann bekommen, wenn es der Arzt anordnet.*

# Wie man Säuglingen und kleinen Kindern Kühlung verschafft

Kinder unter vier Jahren bekommen relativ schnell FIEBERKRÄMPFE (s. S. 32). Steigt die Temperatur des Kindes über 40 Grad Celsius,
✆ ARZT ANRUFEN

**Babys**
Ziehen Sie es bis auf die Windel aus, und kühlen Sie es ab, indem Sie es mit lauwarmem Wasser leicht abreiben (Extremitäten nicht kühlen, wenn sich nur der Rumpf fiebrig anfühlt).

**Kleinkinder**
Ziehen Sie das Kind aus, und kühlen Sie es ab, indem Sie es etwa 30 Minuten mit lauwarmem Wasser abreiben (Extremitäten nicht kühlen, wenn sich nur der Rumpf fiebrig anfühlt).

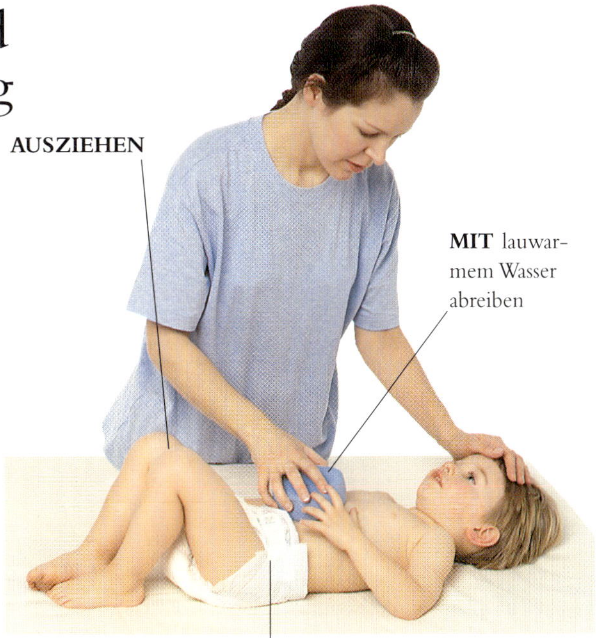


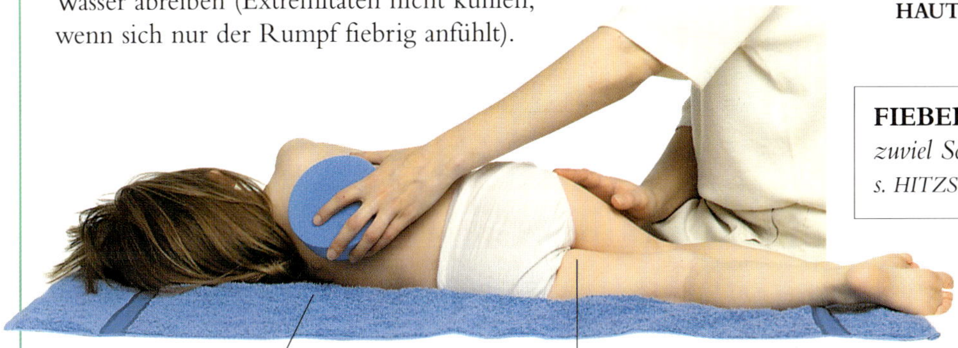


**FIEBER** *kann auch durch zuviel Sonne verursacht werden, s. HITZSCHLAG, S. 98.*



# Meningitis

Diese sehr ernste Erkrankung, bei der sich die Hirnhäute entzünden, muß rechtzeitig behandelt werden.

**Eine Meningitis erkennen** • *Fieber* • *Teilnahmslosigkeit* • *Erbrechen* • *Appetitlosigkeit* • *Kopfschmerzen oder, bei Babys, eine leicht schmerzhafte Fontanelle* • *Lichtempfindlichkeit* • *Nackenschmerzen und -steifigkeit* • *Krampfanfälle* • *Ausschlag mit roten oder purpurnen blutunterlaufenen Flecken* • *bei Kindern, die kurz vorher erst eine Infektion hatten, eine Verschlechterung ihres Zustands*

Legen Sie das Kind bequem hin, und stützen Sie den Rücken mit Kissen oder Polstern ab. Raum abdunkeln, Ruhe.
✆ DRINGEND ARZT ANRUFEN

# Erbrechen

**EIN BABY**, *das wiederholt an Durchfall und Erbrechen leidet, kann einen Flüssigkeitsmangel erleiden. Geben Sie ihm abgekühltes, abgekochtes Wasser – Milch nur, wenn Sie stillen. Bei länger anhaltenden Brechattacken sind möglicherweise Mineralgetränke nötig oder sogar eine Infusionstherapie im Krankenhaus.*
✆ ARZT ANRUFEN

1 Halten Sie das Kind über eine Schüssel oder ein Becken. Stützen Sie während des Erbrechens seinen Oberkörper mit der freien Hand. Reden Sie beruhigend auf es ein.

2 Tupfen Sie danach sein Gesicht und vor allem die Mundregion mit einem ausgewrungenen Schwamm oder einem Tuch mit lauwarmem Wasser ab.

3 Geben Sie ihm, gegen den unangenehmen Geschmack und um den Flüssigkeitsverlust auszugleichen, Wasser zu trinken (z.B. mit einem Eßlöffel). Lassen Sie es nur ganz langsam, schlückchenweise trinken.

4 Lassen Sie es ruhig liegen – wenn es mag, im Bett. Stellen Sie eine Schüssel bereit, falls es zu erneutem Erbrechen kommt, und auch immer etwas frisches Wasser.

# BAUCHSCHMERZEN

1 Legen Sie das Kind bequem aufs Sofa oder ins Bett. Bei Atembeschwerden stützen Sie den Oberkörper mit Kissen ab. Stellen Sie eine Schüssel bereit, falls es erbrechen muß.

> **SIND** *die Schmerzen stark, oder bleiben sie länger als 30 Minuten bestehen,*
> ✆ ARZT ANRUFEN

2 Wärme kann schmerzlindernd wirken. Legen Sie dem Kind eine Wärmflasche, mit einem Handtuch umwickelt, auf den Bauch. Geben Sie ihm nichts zu trinken.

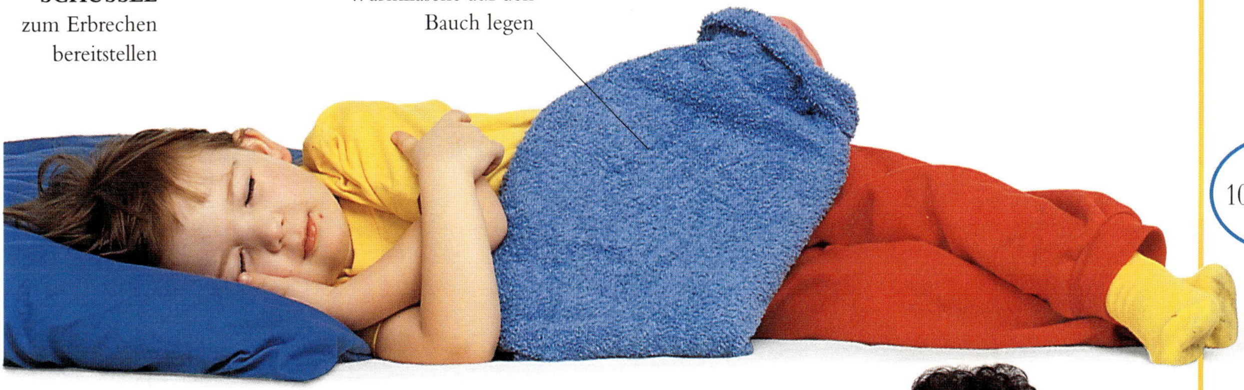




## Blinddarmentzündung

Blinddarmentzündung kommt bei Kindern unter zwei Jahren nur selten vor, öfter dagegen bei älteren, vor allem bei Teenagern.

**Eine Blinddarmentzündung erkennen** • *wellenartig auftretende Schmerzen in der Bauchmitte* • *scharfe Schmerzen, die in den rechten Unterbauch wandern* • *erhöhte Temperatur* • *Appetitlosigkeit* • *Übelkeit* • *Erbrechen* • *Durchfall*

> **EINE APPENDIZITIS** *muß rasch behandelt werden. Helfen Sie dem Kind, sich aufs Sofa oder Bett zu legen. Geben Sie ihm nichts zu trinken oder zu essen.*
> ✆ ARZT ANRUFEN

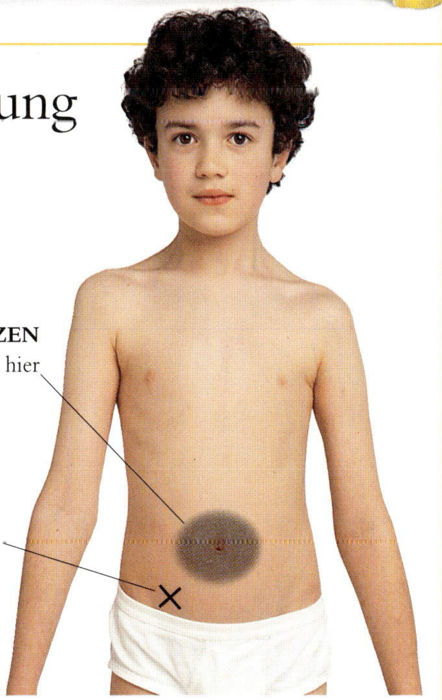

# OHRENSCHMERZEN

**PARACETAMOL,** z.B. als Saft, nach Anweisung geben

**SETZEN** Sie es auf

1 Machen Sie es dem Kind bequem. Setzen Sie es mit Kissen im Rücken auf, wenn die Ohrenschmerzen beim Flachliegen schlimmer werden. Geben Sie ihm Paracetamol – als Saft oder Zäpfchen – nach Anweisung.

2 Hitzeanwendung kann schmerzlindernd wirken. Füllen Sie eine Wärmflasche, umwickeln Sie sie mit einem Handtuch, und legen Sie das Kind mit dem schmerzenden Ohr darauf.

> **KLINGEN** *die Schmerzen nicht ab, oder treten Ausfluß aus dem Ohr, Fieber oder ein Gehörverlust auf,*
> ✆ ARZT ANRUFEN

**WÄRMFLASCHE** umwickeln und das schmerzende Ohr darauflegen



# DRUCK AUF DEN OHREN

Zu dieser recht harmlosen Störung kann es durch Veränderung der Druckverhältnisse, etwa im Flugzeug – hier vor allem beim Starten oder Landen – oder beim Fahren durch einen Tunnel, kommen. Frei bekommt man die Ohren wieder, indem man den Mund schließt, die Nase zuhält und fest hineinbläst. Auch Bonbonlutschen kann helfen.

NASE zuhalten, Mund schließen und ›schneuzen‹ lassen

# ZAHNSCHMERZEN

**1** Vereinbaren Sie möglichst bald einen Zahnarzttermin. Geben Sie dem Kind bis dahin zur Schmerzlinderung Paracetamol nach Anweisung.

**2** Gehen die Schmerzen durch Flachliegen nicht zurück, setzen Sie das Kind durch Kissen gestützt auf. Legen Sie eine umwickelte Wärmflasche unter die schmerzende Seite.

> **IST** *die Wange geschwollen, und sind die Schmerzen stark,* ✆ ARZT ANRUFEN



# KRÄMPFE

Bei Krämpfen handelt es sich um schmerzhafte Muskelspasmen, die vor allem die Füße und die Wadenmuskulatur betreffen. Lindern lassen sich die Schmerzen durch Massieren und Dehnen der betreffenden Muskeln.

**1** Helfen Sie dem Kind, sich hinzusetzen, heben Sie dann sein Bein an, und strecken Sie das Knie durch. Biegen Sie seine Zehen nach oben, um den Fuß zu dehnen.

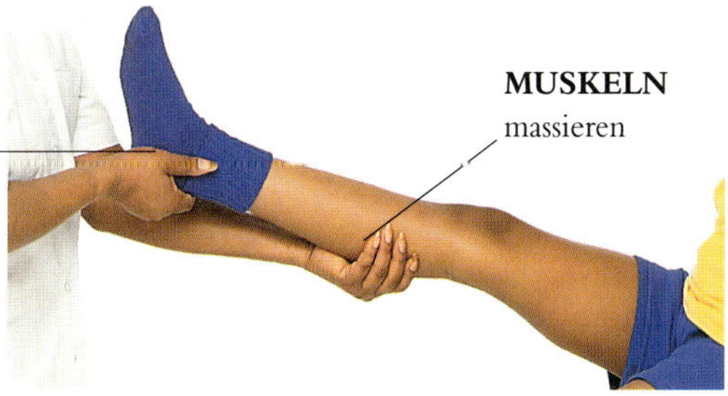


**2** Kneten Sie die betreffenden Muskeln sanft und doch fest mit den Fingerspitzen, bis die Krämpfe abgeklungen sind.

**Was ein Erste-Hilfe-Kasten enthalten sollte**

*1 schmale Rollbinde*
*1 breite Rollbinde*
*1 schmale elastische Binde*
*1 breite elastische Binde*
*2 Augenkompressen mit Verbänden*
*Schere*
*Wundsalbe*
*Päckchen Mulltupfer*
*2 Dreieckstücher*
*Hypoallergenes Tape-Pflaster*
*2 sterile Kompressen*
*Wasserdichte Pflaster*
*1 Fingerverband*
*1 Pinzette*
*1 sterile Wundauflage mit Verband*

# VERBANDSKASTEN

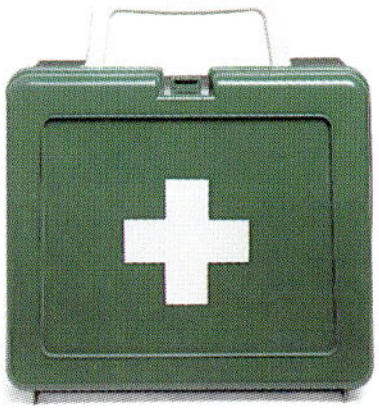

Bewahren Sie daheim und im Auto stets einen Verbandskasten auf. In Apotheken gibt es bereits fertige Erste-Hilfe-Kästen zu kaufen, die Sie zusätzlich mit Verbänden, Wundauflagen und Einmal-Handschuhen bestücken können. Der Verbandskasten muß schnell griffbereit und leicht zu erkennen sein. Kontrollieren Sie den Inhalt regelmäßig. Bewahren Sie keine Arzneimittel im Verbandskasten auf – dafür sind Arzneischränkchen da. Ein Erste-Hilfe-Kasten sollte die unten dargestellten Gegenstände enthalten.

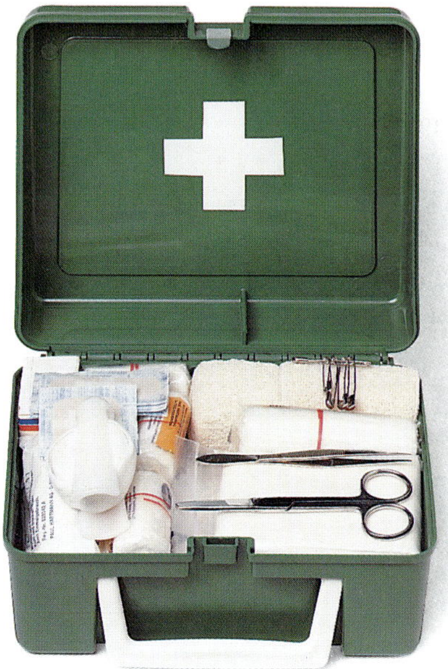

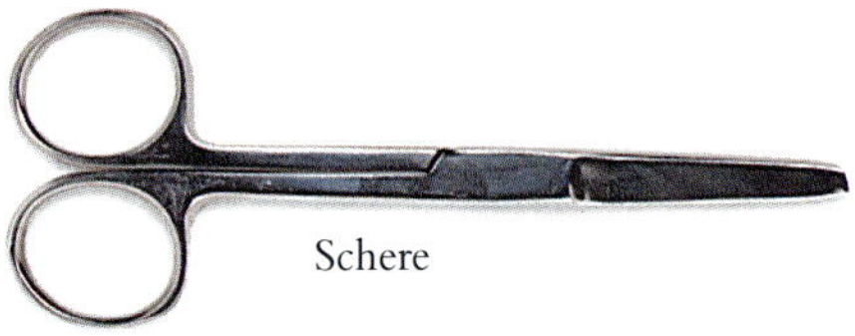

Schere

**Wundauflagen**
Pflaster (selbstklebende Wundauflagen) werden für kleinere Wunden benutzt – wichtig sind verschiedene Größen und Formen. Halten Sie für ernstere Wunden eine Auswahl größerer steriler Wundauflagen bereit.

Mulltupfer

Pinzette

Wundsalbe

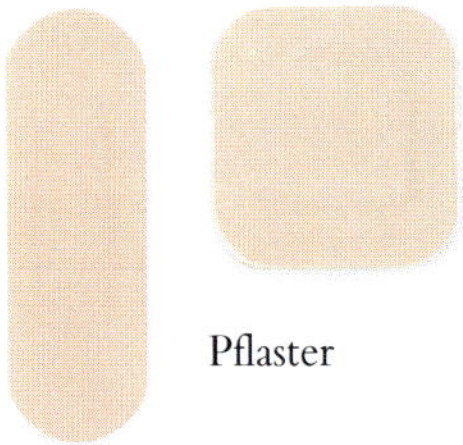

Pflaster

Augenkompresse mit Verband

Sterile, nicht selbsthaftende Kompresse



Sterile Wundauflage mit Verband

### Verbände

Wichtig ist eine Vielzahl verschiedener Verbände zur Fixierung von Wundauflagen und Ruhigstellung verletzter Gelenke. Praktisch sind elastische Binden, weil sie sich den Körperformen anpassen. Aus Dreieckstüchern lassen sich Schlingen oder breit- bzw. schmalgefaltete Krawatten anfertigen.

Hypoallergenes Tape-Pflaster zur Fixierung von Verbänden

Schmale elastische Binde

Breite elastische Binde

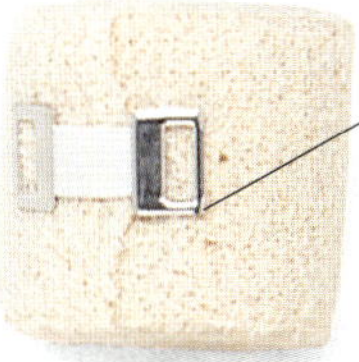

Verband-klammern

Krepp-Rollbinde

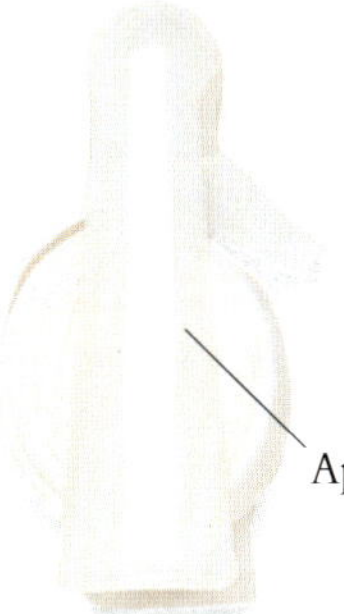

Applikator

Fingerverband

Breite Rollbinde

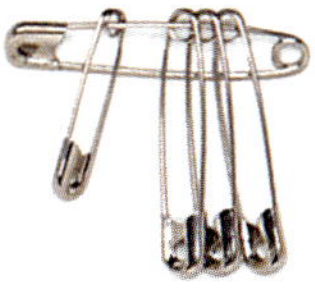

Sicherheits-nadeln



Gefaltetes Dreieckstuch

# Sonstige nützliche Hilfsmittel

Eine Reihe von Haushaltsgegenständen sind im Erste-Hilfe-Notfall von unschätzbarer Hilfe. Stehen Ihnen nicht exakt dieselben Materialien zur Verfügung, können Sie improvisieren. Halten Sie die folgenden Artikel bereit:

**Waschlappen**
Mit einem in kaltes Wasser getauchten Waschlappen können Sie kalte Kompressen auflegen oder ein fiebriges Kind abreiben.

**Laken oder Bettbezug**
Saubere Baumwollaken oder Bettbezüge eignen sich ausgezeichnet als lockere Schutzhüllen bei Brandverletzungen.

**Plastikbeutel**
Einen Plastikbeutel kann man – gefüllt mit Eis, Wasser und etwas Salz – hervorragend zur Kühlung verwenden.

# WUNDAUFLAGEN

Wundauflagen helfen, einer Infektion vorzubeugen, und unterstützen den Blutgerinnungsprozeß. Sie dürfen nicht flusen und müssen groß genug sein, um die Wunde samt angrenzender gesunder Haut abzudecken. Waschen Sie stets Ihre Hände, bevor Sie eine Wundauflage auflegen, und tragen Sie möglichst Einmal-Handschuhe. Wenn Blut durch eine Wundauflage sickert, legen Sie eine zweite darauf. Verbände nicht zu stramm wickeln (s. gegenüber).

## Pflaster

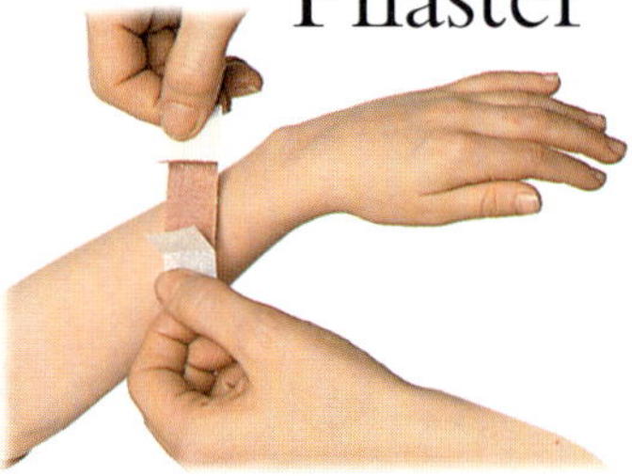

Die Hülle entfernen, die Wundauflage über die Wunde halten und die Schutzfolie abziehen. Enden und Ränder fest auf die Haut drücken.

## Sterile Kompresse

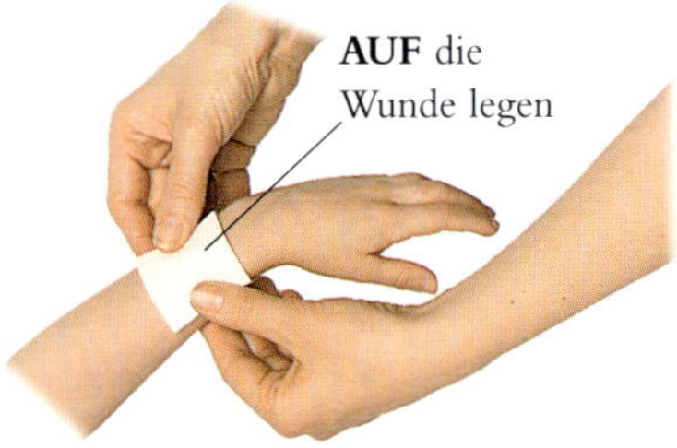


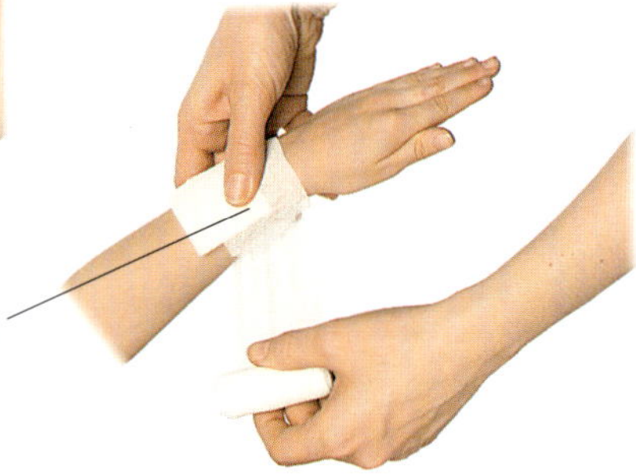


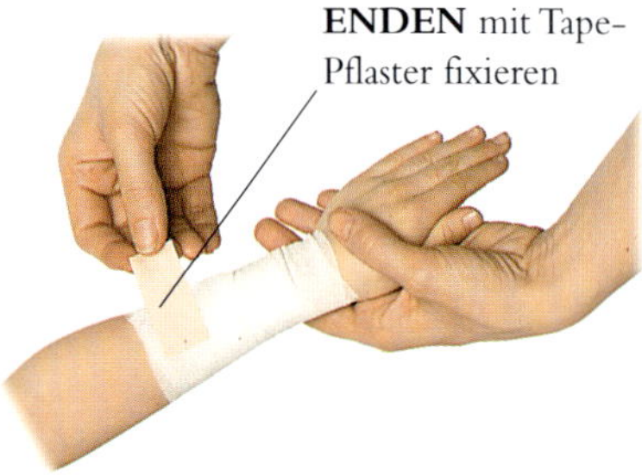


1 Die beschichtete Seite nach unten direkt auf die Wunde legen.

2 Die Kompresse mit einem Verband fixieren, dabei von der Verletzung aus nach oben wickeln.

3 Für besseren Halt eine Bahn zwischen Daumen und Hand hindurchführen (s. S. 109). Das Verbandsende festkleben.



## Sterile Wundauflage mit Verband

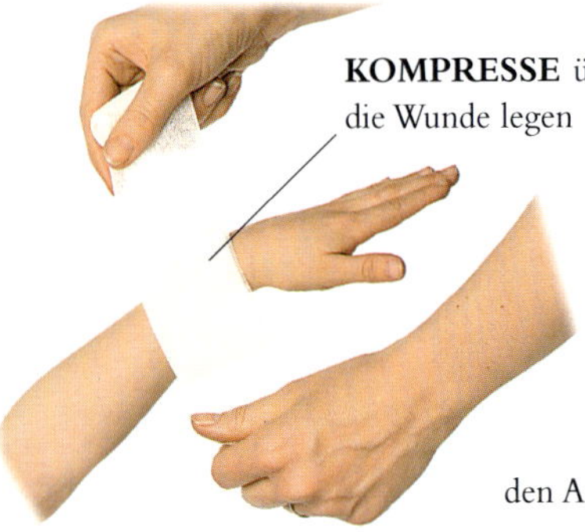


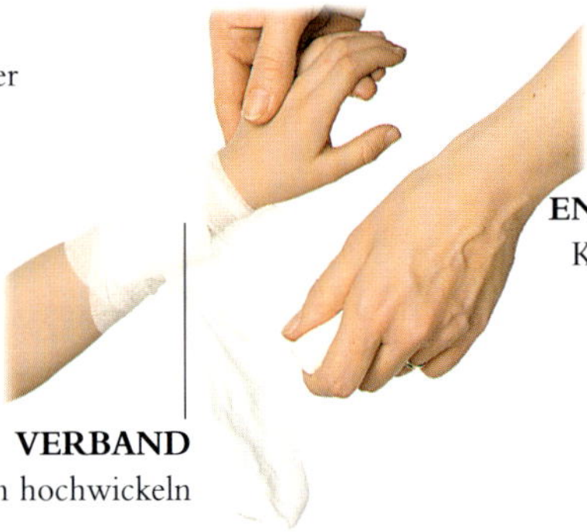


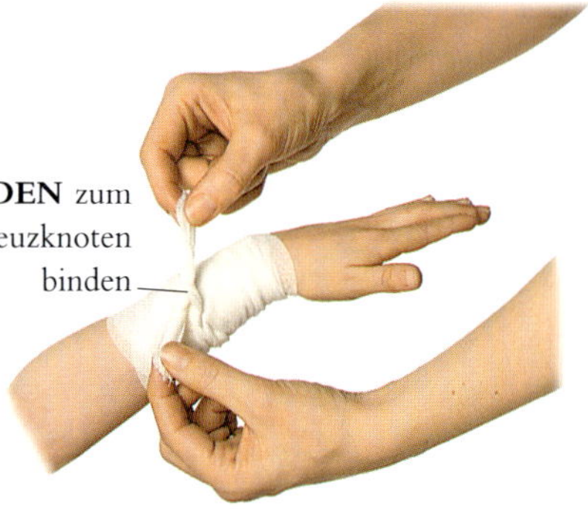


1 Den Verband zu beiden Seiten der Wundauflage festhalten und die Kompresse auf die Wunde legen.

2 Das kurze Ende hängenlassen, das andere um den Arm wickeln, bis die Wundauflage bedeckt ist.

3 Die beiden Verbandenden zu einem Kreuzknoten (s. S. 76) über der Kompresse zusammenbinden.

# VERBÄNDE

Arbeiten Sie mit Verbänden, um Wundauflagen zu fixieren, Blutungen zu stillen und verletzten Körperpartien Halt zu geben. Rollbinden lassen sich überall am Körper einsetzen, elastische Binden eignen sich besonders zum Verbinden von Gelenk- oder Kopfverletzungen, da sie sich der Körperform anpassen.

> **LEGEN** *Sie Verbände* **NICHT** *zu stramm an – das schnürt das Blut ab. Zur Kontrolle drücken Sie einmal kurz auf den Nagel oder die Haut des Kindes und lassen dann wieder los. Kehrt die Farbe nicht schnell zurück, lockern Sie den Verband.*

## Rollbinden

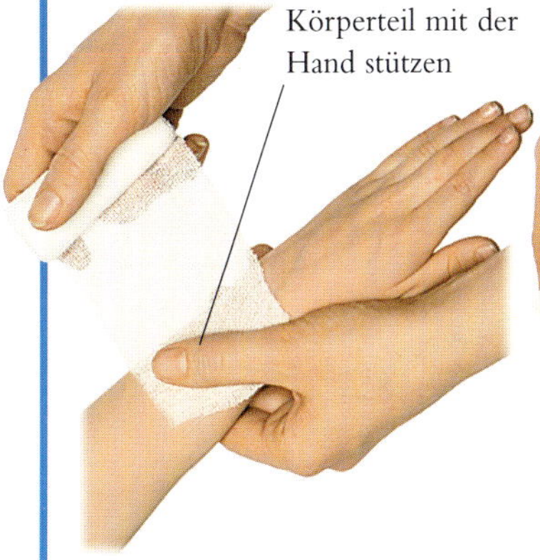


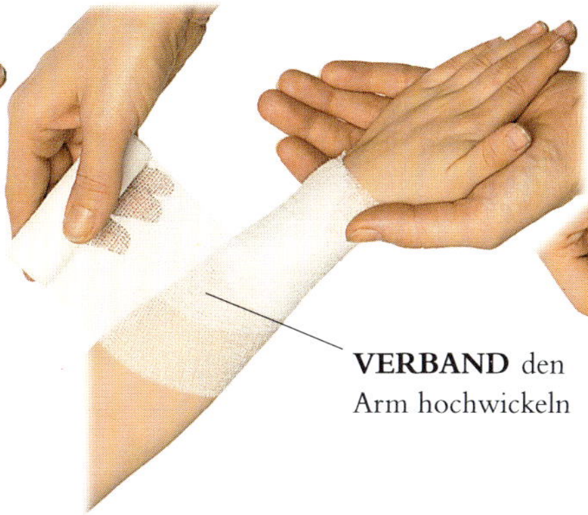


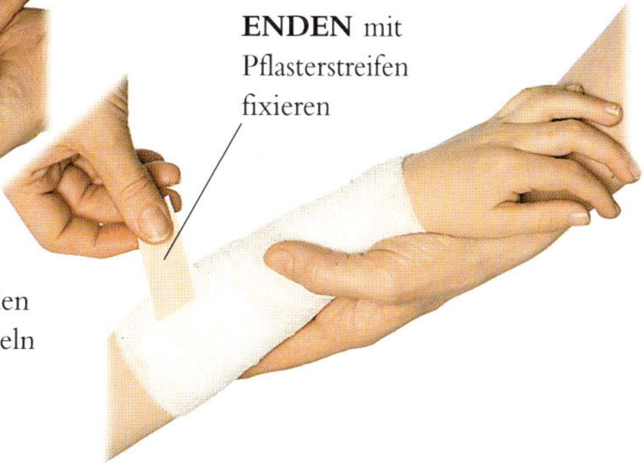


**1** Das Ende des Verbands unterhalb der Verletzung auf den Arm legen und die Rollbinde mit der anderen Hand festhalten.

**2** Die Binde einmal zwischen Daumen und Hand führen (s.unten). Dann die Binde schräg aufsteigend um den Arm wickeln.

**3** Zum Abschluß zwei gerade Runden wickeln. Das Ende fixieren. Die Durchblutung kontrollieren (s.oben).



## Handverband

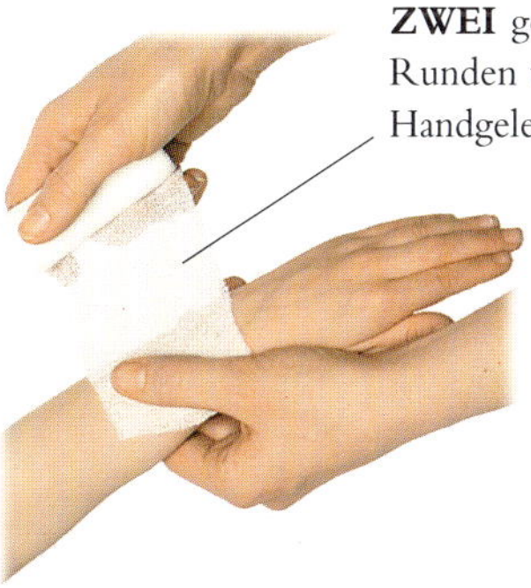


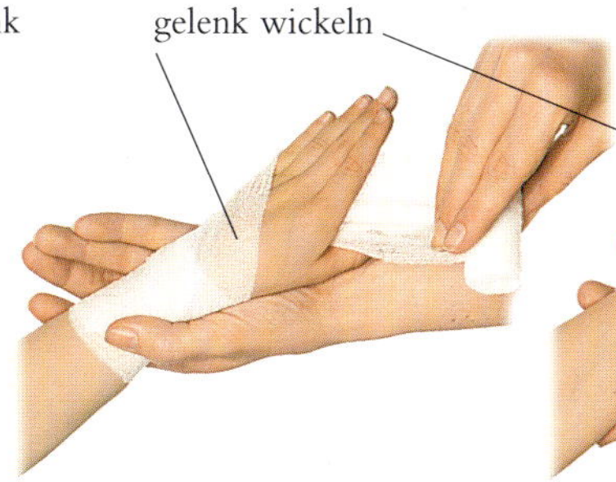


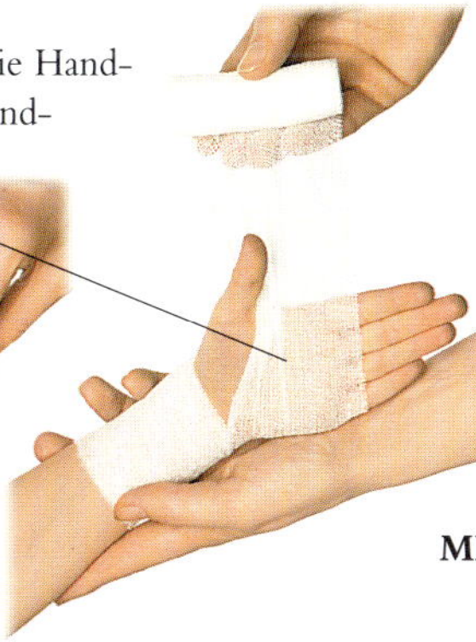

**1** Das Verbandsende auf das Handgelenk legen und zweimal gerade darum herumwickeln.

**2** Quer über den Handrücken zum Ansatz des kleinen Fingers wickeln, dann um die Handfläche herum und zwischen Daumen und Zeigefinger und quer über den Handrücken wieder zurück. Wiederholen Sie diese Achterform, bis die Hand abgedeckt ist.

# DREIECKSTÜCHER

Diese gibt es einzeln, steril abgepackt, zu kaufen. Sie können Sie aber auch aus einem viereckigen stabilen Stoffstück, das Sie diagonal einmal in der Mitte falten, selbst herstellen. Dreieckstücher werden zu BREITGEFALTETEN oder SCHMALGEFALTETEN KRAWATTEN (s. S. 76) oder zu SCHLINGEN gearbeitet. Armschlingen geben einem verletzten Arm oder Handgelenk Halt oder entlasten eine verletzte Schulter (KREUZKNOTEN, s. S. 76).

## Armschlinge

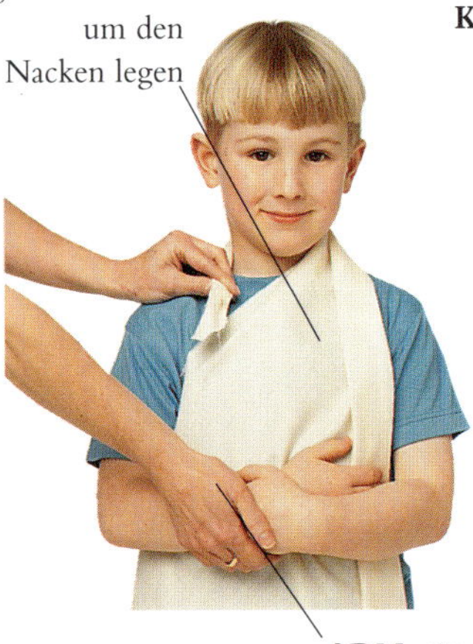


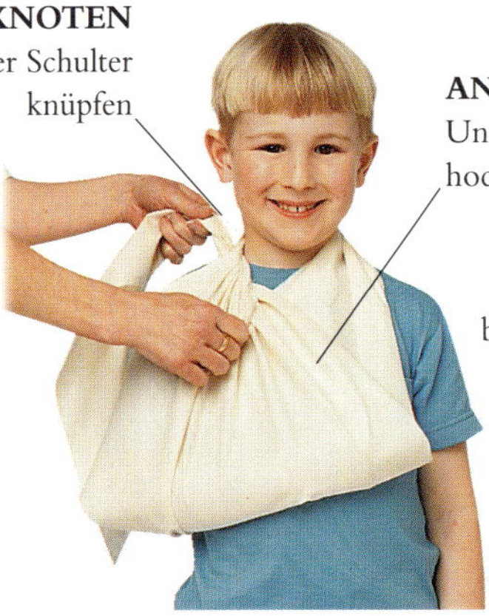


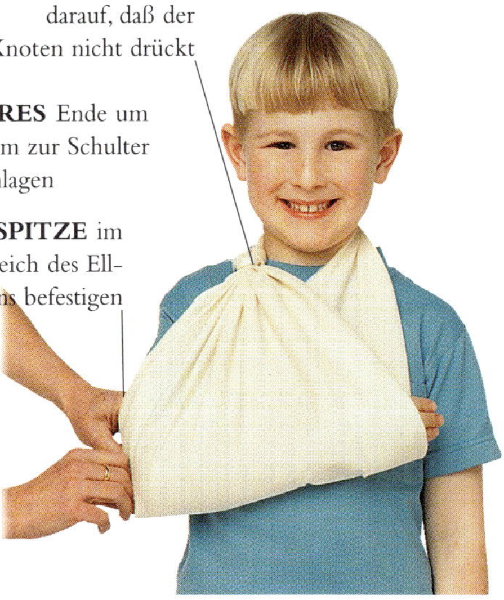


1 Das Tuch zwischen Arm und Brust legen und ein Ende so um den Nacken ziehen, daß es auf den verletzten Arm zeigt.

2 Das andere Ende um den Unterarm legen und zur Schulter hochführen. Beide Enden auf der Schulter mit dem KREUZKNOTEN verbinden (s. S. 76).

3 Die am Ellbogen überstehende Spitze des Tuchs einschlagen und mit einer Sicherheitsnadel befestigen.

## Improvisierte Armschlingen

Verletzt sich Ihr Kind Schulter, Arm oder Hand unterwegs, können Sie eine Schlinge improvisieren, so daß der verletzte Körperteil gestützt wird, bis eine fachgerechte Behandlung erfolgen kann.

Öffnen Sie einen Mantelknopf, und stecken Sie die Hand des verletzten Arms in diese Halterung hinein.

Sie können auch den Ärmel der verletzten Seite mit einer Sicherheitsnadel auf der gegenüberliegenden Brustseite befestigen.

# Verzeichnis von Informations- und Behandlungszentren für Vergiftungen

**Stand: Mai 1995**

## Bundesrepublik Deutschland

### Berlin

Beratungsstelle für Vergiftungserscheinungen und Embryonaltoxikologie
Pulsstraße 3 – 7, 14059 Berlin
Tel.: 030 / 1 92 40 oder 030 / 30 35 42 91

Universitätsklinikum Rudolf Virchow
Standort Charlottenburg
Reanimationszentrum
Spandauer Damm 130, 14050 Berlin
Tel.: 030/3035-3466, -2215, -3436

### Bonn

Informationszentrale gegen Vergiftungen
Zentrum für Kinderheilkunde der Rheinischen Friedrich-Wilhelms-Universität Bonn
Adenauerallee 119
53113 Bonn
Tel.: 0228/287-3211, -3333

### Bremen

Kliniken der freien Hansestadt Bremen
Zentralkrankenhaus St.-Jürgen-Straße
Klinikum für Innere Medizin – Intensivstation
St.-Jürgen-Straße
28205 Bremen
Tel.: 0421/497-5268, -3688

### Erfurt

Gemeinsames Giftinformationszentrum der Länder Mecklenburg-Vorpommern, Sachsen, Sachsen-Anhalt u. Thüringen
Nordhäuser Str. 74
99089 Erfurt
Tel.: 0361/730730

### Freiburg

Universitats-Kinderklinik Freiburg
Informationszentrale für Vergiftungen
Mathildenstr. 1
79106 Freiburg
Tel.: 0761/270-4361, -4305

### Homburg/Saar

Universitätskliniken
Klinik für Kinder- und Jugendmedizin
66421 Homburg/Saar
Tel.: 06841/16-2257, -2846

### Kiel

Zentralstelle zur Beratung bei Vergiftungsfällen
I. Med. Universitätsklinik
Schlittenhelmstr. 12
24105 Kiel
Tel.: 0431/597 4268

### Mainz

Beratungsstelle bei Vergiftungen
II. Med. Klinik und Poliklinik der Universität
Langenbeckstr. 1
55131 Mainz
Tel.: 06131/232-466, -467

### München

Giftnotruf München
Toxikologische Abteilung der II. Med. Klinik rechts der Isar der Technischen Universität München
Ismaninger Str. 22
81675 München
Tel.: 089/4140-2211

### Nürnberg

II. Med. Klinik des städtischen Klinikums
Toxikologische Intensivstation
Flurstr. 17
90419 Nürnberg
Tel.: 0911/398-2451

## Österreich – Wien

Tel. 01/43 43 42/22 22

## Schweiz – Zürich

Tel. 01/2 51 51 51 (0) 1/2 51 66 66

# SICHERHEIT IM HÄUSLICHEN BEREICH

Die meisten Unfälle passieren zu Hause, und an über der Hälfte davon sind Kinder unter fünf Jahren beteiligt. Viele Unfälle jedoch ließen sich vermeiden, wenn Sie:

- Einrichtungsgegenstände umstellen und kindersicher machen;
- die Fenster verschlossen oder für Kinder unzugänglich halten;
- gefährliche Substanzen nie in Behältnisse mit sonst harmlosem Inhalt umfüllen;
- Ihrem Kind Arzneimittel nie als besondere Süßigkeit anpreisen;
- bei Besuchen die fremde Wohnung zuerst auf Gefahrenquellen hin inspizieren und bitten, scharfe oder zerbrechliche Gegenstände entfernen zu dürfen;
- Sie Ihrem Kind Sicherheitsgrundregeln beibringen.

## ELEKTRIZITÄT

Schützen Sie Ihr Kind vor einem Elektroschock (s. S. 12):

- Bringen Sie Kindersicherungen an den Steckdosen an.
- Stecken Sie nur immer einen oder zwei Stecker in eine Steckdose – durch Überlastung könnte Feuer entstehen.
- Überlassen Sie die Elektroinstallation dem Fachmann.
- Überprüfen Sie alte Kabel – ein Kind könnte versuchen, auf herausstehenden Drähten zu kauen.
- Stöpseln Sie elektrische Geräte, vor allem Fernseher, nachts aus.

**Bringen** Sie Ihrem Kind Sicherheitsgrundregeln bei

## GAS

Wenn Sie Gas riechen:

- Schalten Sie das Licht nicht ein oder aus, und betätigen Sie auch sonst keine Stromschalter – es könnte eine Explosion entstehen.
- Zünden Sie kein Streichholz an.
- Stellen Sie das Gas ab.
- Öffnen Sie die Fenster.
- Rufen Sie die Stadtwerke an.

## FEUER

**Bringen Sie zumindest einen Rauchmelder pro Stockwerk an**

Ist Ihr Haus eingeschossig, installieren Sie den Rauchmelder zwischen Wohnzimmer und Schlafräumen. Ist Ihr Haus zwei- oder mehrgeschossig, bringen Sie einen am Treppenaufgang, einen anderen im Flur in der Schlafetage an.

**Sorgen Sie für einen Fluchtplan** (s. S. 11). Vergewissern Sie sich, daß Ihre gesamte Familie weiß, was bei Feuer zu tun ist.

**Spielen Sie einen Probealarm mit den Kindern durch**

- Laut »Feuer!« rufen
- Rauchmelder auslösen
- Alle auffordern, auf den Knien aus dem Raum zu kriechen
- Tür hinter sich schließen
- Nicht mehr wegen Haustieren oder Wertgegenständen zurückkehren.

**LEGEN** *Sie Notfallnummern beim Telefon bereit, und informieren Sie auch Ihre Babysitter darüber.*

# TREPPEN UND FLURE

Das Treppenhaus ist zum Spielen für Kinder ungeeignet (s. unten).

- Achten Sie darauf, daß kein Spielzeug, über das man stolpern könnte, dort herumliegt. Bringen Sie eine Beleuchtung im Flur an, falls Ihr Kind nachts aufsteht. Decken Sie niemals eine Lampe mit Kleidungsstücken ab, da diese leicht Feuer fangen könnten.
- Lassen Sie Ihr Kind nie in Mietshäusern oder öffentlichen Gebäuden auf Treppenabsätzen oder Stufen spielen, da das Treppengeländer zu große Zwischenräume haben könnte.

---

## EINGANGSTÜR

- Lassen Sie Ihre Eingangstür nicht offen.
- Lassen Sie bei Besuch die Tür nicht vom Kind öffnen.
- Bringen Sie den Türgriff so an, daß er für kleine Kinder unerreichbar ist, oder sichern Sie die Tür anderweitig.
- Bestücken Sie Glastüren mit Sicherheits- bzw. Verbundglas.
- Kleben oder hängen Sie etwas an die Scheiben, um sie für kleine Kinder auffälliger zu machen.

## BODEN

Geflieste oder gebohnerte Flure können sehr rutschig sein.

- Kaufen Sie nur rutschfeste Läufer.
- Lassen Sie in den Fluren nichts herumliegen.
- Kontrollieren Sie Teppichböden auf Löcher hin, und überprüfen Sie, ob lose aufliegende Teppiche und Brücken eine Sturzgefahr bedeuten.

## TREPPEN

Ein Kind unter drei Jahren kann noch nicht wirklich sicher treppab gehen.

- Sichern Sie die Auf- und Abgänge von Treppen mit Kindersicherungen. Klettern Sie niemals vor dem Kind über die Absperrung: Kinder lernen am Beispiel!
- Kontrollieren Sie die Treppengeländer auf ihre Sicherheit hin. Der Handlauf muß stabil sein; Pfosten dürfen nicht locker sein und im übrigen nicht weiter als 10 cm auseinanderstehen. Lassen Sie das Kind das Geländer nicht als Kletterwand benutzen.
- Kontrollieren Sie den Treppenbelag. Lose sitzender Teppichbelag oder abgestoßene Stufen können gefährlich sein.

**BRINGEN** Sie dem Kind bei, rückwärts nach unten zu gehen

**LASSEN** Sie Kleinkinder nie allein die Treppe benutzen

# KÜCHE

In der Küche verbringt man in den meisten Haushalten eine Menge Zeit mit Kindern. Da man sich hier permanent mit Dingen wie dem Zubereiten und Garen von Speisen beschäftigt, ist es ein potentiell gefährlicher Bereich.

---

**TÜR**
- Bestücken Sie Glastüren mit Sicherheits- oder Verbundglas.
- Kleben oder hängen Sie etwas Buntes auf das Glas.

**BODEN**
- Lassen Sie das Kind nicht auf dem Boden zwischen sich und der Arbeitsfläche spielen.
- Wischen Sie Vergossenes sofort auf, um Stürze zu vermeiden.
- Entfernen Sie Futtertröge von Haustieren nach Gebrauch, und halten Sie diesen Bereich des Bodens peinlichst sauber.
- Räumen Sie zwischendurch alles in eine Spielzeugkiste.

**ABFALLEIMER**
- Untersagen Sie Kleinkindern, im Abfalleimer zu wühlen.
- Werfen Sie scharfkantige Dosen und Deckel oder Glasscherben direkt in die Mülltonne.
- Bewahren Sie den Abfalleimer im Schrank auf, und sichern Sie die Tür mit einer Kindersicherung.

BEWAHREN *Sie eine Feuerdecke in der Küche auf, um etwaige Feuerausbrüche damit zu ersticken. Lassen Sie sich vor dem Kauf eines Feuerlöschers von Ihrer örtlichen Feuerwehr beraten. Mehr zum Thema Feuer lesen Sie auf Seite 11 und 12.*



## Babys

**ACHTEN** Sie darauf, daß entfernbare Abstellflächen am Hochstuhl sicher befestigt sind

**FLÄSCHCHEN UND NAHRUNG**
- Sterilisieren Sie alles zur Nahrungszubereitung Erforderliche.
- Lassen Sie fertig zubereitete Mahlzeiten nicht bei Raumtemperatur stehen, und bewahren Sie auch keine Reste auf. Aufgewärmte Nahrungsmittel sind eine Brutstätte für Bakterien, die Verdauungsstörungen verursachen können.

**HOCHSTÜHLE**
- Benutzen Sie nur Kinderstühle mit Sicherheitsgurt.
- Plazieren Sie den Stuhl nicht so, daß das Baby Sachen herunterreißen könnte.
- Lassen Sie Ihr Kind nie ohne Aufsicht.

**SPIELEN**
- Lassen Sie Ihr Kind in einem sicheren Bereich oder in einem Laufstall mit Sichtkontakt spielen.
- Lassen Sie das Kind nicht in Herdnähe spielen, damit es nicht von heißen Kochspritzern verletzt wird.

**BRINGEN** Sie einen Sicherheitsgurt am Hochstuhl an

**WÄHLEN** Sie einen stabilen Hochstuhl mit breiter Standfläche

## TISCHE UND ARBEITSFLÄCHEN

- Lassen Sie schwere, zerbrechliche oder scharfe Gegenstände nicht in Reichweite Ihres Kindes liegen.
- Stellen Sie Stühle und dergleichen nicht an Tische und Arbeitsflächen, damit Ihr Kind nicht daraufklettern kann.
- Bewahren Sie die Kabel elektrischer Geräte vor Kindern sicher auf.
- Ziehen Sie die Stecker unbenutzter elektrischer Geräte heraus.
- Krabbel- oder Kleinkinder können sich an Tischdecken hochziehen und dabei alles vom Tisch reißen. Nehmen Sie lieber Platzdeckchen, oder sichern Sie Tischdecken mit Klammern.

## SCHRÄNKE UND SCHUBLÄDEN

- Bringen Sie Kindersicherungen an Schränken und Schubläden gefährlichen Inhalts an: Messer, Scheren, Besteck; schwere Töpfe, Pfannen oder Porzellan; getrocknete Nahrungsmittel wie Nudeln, an denen man sich verschlucken könnte; Alkohol und Flaschen; Arzneimittel inklusive Vitamintabletten; Reinigungsmittel inklusive solcher mit »kindersicherem« Verschluß.

## KÜHLSCHRANK

Nahrungsmittelvergiftungen können durch unsachgemäße Aufbewahrung entstehen. Ergreifen Sie alle Sicherheitsmaßnahmen:

- Bewahren Sie gekochtes Fleisch oder Geflügel getrennt von rohem Fleisch auf. Decken Sie rohes Fleisch mit Küchenfolie ab.
- Bewahren Sie Reste in verschlossenen, sauberen Behältern im Kühlschrank auf.
- Kontrollieren Sie die Verfallsdaten regelmäßig.

## HERD

Kinder können mit heißem Fett oder kochendem Wasser verbrannt oder verbrüht werden.

- Vorsicht: Kinder können selbst durch Sicherheitsgitter am Herd ihre Finger durchstecken und sich verbrennen.
- Lassen Sie Ihr Kind nicht an die Ofentür. Sie kann sich stark erhitzen und Stunden heiß bleiben. Bringen Sie Ihrem Kind bei, was »heiß« bedeutet, so daß es eine Warnung versteht.
- Bewahren Sie Streichhölzer in einem Schrank mit Kindersicherung auf.

## WASCHMASCHINE UND TROCKNER

- Kinderfinger vom Bullauge der Waschmaschine fernhalten – es könnte während des Waschvorgangs heiß werden.
- Tür verschlossen halten, wenn die Maschine nicht in Gebrauch ist, damit Ihr Kind nicht hineinklettern oder Spielsachen hineinlegen kann.

# WOHNZIMMER

Versuchen Sie den Raum so zu gestalten, daß weder die lieben Kleinen noch die Sachen, die Ihnen lieb und wert sind, zu Schaden kommen können. Haben Sie einen Balkon, verkleiden Sie die Zwischenräume, und kontrollieren Sie, daß Ihr Kind nicht über das Geländer klettern kann. Stellen Sie Spielzeug nie hoch, da das Kind versuchen könnte, es sich wiederzuholen.

## TEPPICHE UND GARDINEN

- Teppiche und Läufer dürfen keine Löcher oder umgeklappte Kanten haben, die das Kind zum Fallen bringen könnten.
- Binden Sie Gardinenschnüre und Rollokordeln hoch, damit sich Kinder nicht damit strangulieren können.

## KAMINE UND ÖFEN

- Bewahren Sie Zündhölzer und Feueranzünder für Kinder unerreichbar auf.
- Bringen Sie am Kamin ein Gitter fest an der Wand an, ebenso vor Gasöfen.
- Mißbrauchen Sie Kamingitter nie als Trockengestell für Kleider.
- Benutzen Sie bei offenen Feuern zusätzlich einen Funkenschutz.

## FERNSEHER, VIDEOAPPARATE UND HIFI-GERÄTE

- Befestigen Sie die Verkabelung an der Fußleiste.
- Führen Sie lange Kabel hinter Möbeln her.
- Sichern Sie Steckdosen mit Kindersicherungen.
- Kontrollieren Sie, ob alte Kabel nicht verschlissen sind.

**ELEKTROGERÄTE** an die Wand stellen, damit Kinder nicht an deren Rückseite gelangen

## OBERFLÄCHEN UND MÖBEL

- Plazieren Sie Zimmerpflanzen außer Reichweite kleiner Kinder.
- Stellen Sie nichts Zerbrechliches oder Schweres auf niedrige Tische und auf die Kante von Oberflächen wie Fensterbänke oder dem Kaminsims.
- Tauschen Sie Glastische aus, und bringen Sie an spitzen Tischkanten einen Schutz an.
- Lassen Sie heiße Getränke, Alkohol, Gläser, Zigaretten, Streichhölzer oder Kerzen nie auf niedrigen Tischen stehen.
- Bewahren Sie Alkohol in abschließbaren Schränken auf.
- Lassen Sie nie brennende Zigaretten unbeaufsichtigt im Aschenbecher liegen.

**SOFAS** und Sessel aus feuerbeständigem Material wählen.

# SPIELSACHEN

**KONTROLLIEREN** Sie bei Bausteinkästen, ob sich kleine Teile, die verschluckt werden könnten, darin befinden

Beim Kauf von Spielsachen beachten Sie die folgenden Richtlinien:

- Kaufen Sie nur kindgerechtes Spielzeug mit Gütesiegel.
- Achten Sie darauf, daß keine scharfe Kanten daran sind, und verzichten Sie auf Spielsachen aus dünnem, unflexiblem Kunststoff.
- Kaufen Sie nur ungiftige Farben und Buntstifte.
- Kaufen Sie nur altersgerechtes Spielzeug – achten Sie auf den Warnhinweis »Für Kinder unter 3 Jahre nicht geeignet«.

### SPIELZEUGPFLEGE

- Kontrollieren Sie das Spielzeug regelmäßig, und werfen Sie kaputtes weg.
- Tauschen Sie Batterien nur en bloc aus, da sonst die starken Batterien die schwachen heißlaufen lassen könnten.
- Bewahren Sie das Spielzeug in einer Kiste auf. Herumliegende Spielsachen können Unfälle verursachen.

**GEBEN** Sie Ihrem Kind nur ungiftige Farben und Stifte



## Säuglinge und Kleinkinder

- Entfernen Sie Bänder von Plüschtieren
- Kontrollieren Sie, ob Augen, Nase, Ohren oder Glöckchen an Plüschtieren und Puppen gut befestigt sind.
- Befestigen Sie Spielzeuge am Kinderbett mit kurzen Schnüren.
- Lassen Sie Babys nicht auf Fellspielzeug herumkauen: Kinder unter einem Jahr können sich an Fellstücken verschlucken.
- Geben Sie einem Kind nie Spielzeug, das nicht altersgerecht ist. Es könnte sich an Kleinteilen verschlucken.
- Lassen Sie Babys oder Kleinkinder nie unbeaufsichtigt spielen.

**ACHTEN** Sie darauf, daß Spielzeug, das zum Abstützen reizt, stabil ist

# SCHLAFRÄUME

Schränke und Schubläden in Schlafräumen sind immer schon ein Anziehungspunkt für kleine Kinder gewesen. Bewahren Sie dort keine gefährlichen Gegenstände auf, weil Sie die Aktivitäten Ihres Kindes nicht immer unter Kontrolle haben können.

## Babys

### KINDERBETT

- Der Abstand zwischen Matratzenoberfläche und Gitter muß mindestens 50 cm betragen, damit das Kind nicht über das Gitter klettern kann.
- Die Sprossenabstände müssen zwischen 2,5 und 6 cm liegen.

**ÜBERPRÜFEN** Sie, daß das Kind das Gitter nicht selbst öffnen kann

**BETTNESTER** dürfen nur kurze Schnüre haben, damit sich das Kind nicht daran erdrosseln kann

- Die Matratze muß groß genug sein: Ein Spalt darf nicht mehr als 3 cm breit sein.
- Lassen Sie Babys unter einem Jahr wegen der Erstickungsgefahr ohne Kopfkissen schlafen. Muß der Kopf hochgelagert werden, legen Sie ein Kissen unter das Kopfende der Matratze.
- Decken Sie Kinder unter einem Jahr nicht mit Daunenoberbetten zu, da sie darunter überhitzen oder ersticken können.
- Legen Sie das Kind wegen der Gefahr des plötzlichen Kindstods immer abwechselnd auf die Seite, nicht auf Bauch oder Rücken.
- Entfernen Sie Gitterstäbe, sobald das Kind motorisch so beweglich ist, daß es darüberklettern könnte.
- Sobald es allein aus dem Bettchen steigen kann, legen Sie es in ein richtiges Bett bzw. bauen sein Gitterbettchen um. In der Umgewöhnungsphase können Sie ein mobiles Bettgitter anbringen.

### WICKELPLATZ

- Alles Nötige muß in greifbarer Nähe sein, damit Sie das Kind keinen Moment allein lassen müssen. Am sichersten wickeln Sie auf dem Boden.
- Keine Regale über dem Wickelplatz – sie könnten herunterfallen.
- Bringen Sie Mobiles außerhalb der Reichweite des Babys an.
- Geben Sie Puder immer erst in die Hände und reiben diese dann gegeneinander, damit das Baby nicht in einer Staubwolke verschwindet.

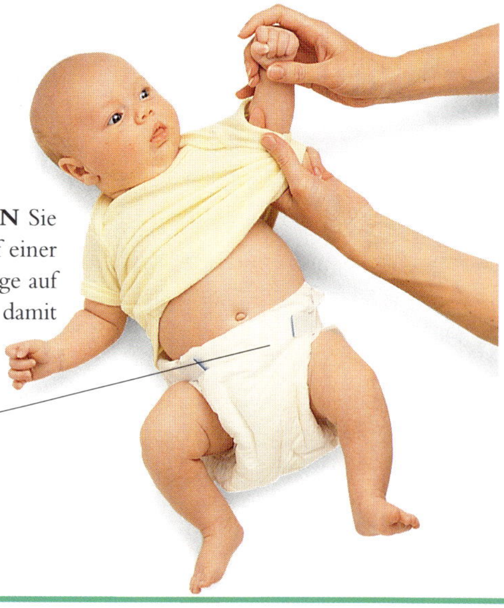

**WICKELN** Sie das Kind auf einer Wickelauflage auf dem Boden, damit es nicht herunterfallen kann

# Das Kinderzimmer

**Betten**

- Setzen Sie ein mobiles Bettgitter ein, wenn Ihr Kleinkind zum erstenmal in einem richtigen Bett schläft.
- Hochbetten müssen auf beiden Seiten ein Sicherheitsgitter besitzen. Das Geländer muß mindestens 16 cm über die Matratze reichen, um das Kind sicher vor einem Sturz zu schützen. Die Abstände zwischen den Sprossen dürfen nicht mehr als 7, maximal 7,5 cm betragen.
- Hochbetten sind für Kinder unter sechs Jahren nicht geeignet.
- Lassen Sie kleine Kinder nie auf Hochbetten spielen.

**VERZICHTEN** Sie auf Federkissen und -oberbetten, da sie Allergien auslösen können

**FENSTER**

Sorgen Sie dafür, daß Ihr Kind nicht aus dem Fenster klettern kann. Auch Stürze aus dem Erdgeschoß können gefährlich sein.

- Bringen Sie abschließbare Fenstergriffe oder sonstige, im Notfall leicht zu öffnende Kindersicherungen an.
- Stellen Sie möglichst keine Möbel vor Fenstern auf, da Kinder sonst zum Fenster hochklettern könnten.

**SPIELZEUGE** (s. S. 117)

- Versuchen Sie Spielsachen mit Kleinteilen von anderen getrennt aufzubewahren, so daß Sie sie, wenn Kleinkinder damit spielen, problemlos aussortieren können.

**LEGEN** Sie rutschfeste Läufer vors Bett



# Ihr eigenes Schlafzimmer

- **Arzneimittel** Lassen Sie sie nie in Nähe Ihres Bettes, im Nachttischchen oder auf der Kommode herumliegen. Bewahren Sie sie vor Kinderaugen und -händen sicher auf.
- **Scheren und Nähzeug** Bewahren Sie diese in einer Schublade oder einem Schrank, Kindern unzugänglich, auf.
- **Parfüm, Haarspray und Make-up** Reibt oder sprüht das Kind sie in die Augen, oder trinkt es sie gar, können sie gefährlich sein. Bewahren Sie sie deshalb vor Kinderhänden sicher, etwa in einer Schublade mit Kindersicherung, auf.
- **Porzellantassen und Gläser** Lassen Sie sie nie auf dem Boden neben dem Bett stehen. Schläft das Kind in Ihrem Bett mit, könnte es auf die Tasse oder das Glas fallen und sich schwer verletzen.

# BADEZIMMER

Im Badezimmer kann Ihr Kind stürzen, ertrinken oder sich vergiften. Halten Sie die Badezimmertür stets geschlossen, um es nicht zu ermutigen hineinzugehen. Bringen Sie an der Tür den Innenriegel weit oben an, bzw. ziehen Sie den Schlüssel aus der Tür, damit sich das Kind nicht selbst einschließen kann.

## DUSCHE

- Kontrollieren Sie immer wieder die Wassertemperatur.
- Legen Sie Duschmatten in die Dusche und rutschfeste Matten auf den Boden.
- Kleben Sie nötigenfalls Sicherheitsfilm auf die Duschwand.

## BADEWANNE

- Kontrollieren Sie die Temperatur, bevor das Kind in die Wanne steigt.
- Legen Sie eine Badematte in und eine rutschfeste Matte vor die Wanne.
- Lassen Sie kleine Kinder oder Babys nie allein in der Wanne. Ein Baby kann bereits in nur 2,5 cm hohem Wasser ertrinken. Wenn Sie zur Tür oder zum Telefon müssen, nehmen Sie das Kind mit.

## SCHRÄNKE

- Bewahren Sie Badezimmerreiniger und andere giftige Substanzen in Schränken mit Sicherheitsschloß auf.
- Bewahren Sie andere Gefahrenherde wie Rasierzeug, Nagelschere und Medikamente in einem verschließbaren Badezimmerschrank auf.

## WC

- Verwenden Sie für Kleinkinder einen Kindertoilettenaufsatz und ein Trittschemelchen.
- Halten Sie den Toilettendeckel geschlossen.
- Nehmen Sie keine WC-Steine, die Kinder aus der Halterung nehmen und essen könnten.
- Vermischen Sie nie Toilettenreiniger mit Bleichmitteln, da dies giftige Dämpfe freisetzen könnte.
- Halten Sie das Töpfchen sauber, lassen Sie aber nie Bleich- oder Reinigungsmittel darin stehen.

**BADEN** Sie das Kind am Fußende

**LASSEN** Sie Ihr Kind nie unbeaufsichtigt in der Wanne

**BENUTZEN** Sie eine rutschfeste Badematte

# GARTEN

Man muß kein leidenschaftlicher Gärtner sein, um den Garten für Kinder sicher und attraktiv zu gestalten. Wichtig ist primär, daß Sie zumindest die augenfälligsten Gefahrenherde ausschalten:

- Entfernen Sie Schutt und Bruchsteine.
- Kontrollieren Sie Gartenmöbel und Spielgeräte regelmäßig auf ihre Sicherheit und Stabilität hin.
- Sorgen Sie dafür, daß der Boden eben ist, und entfernen Sie Moos.
- Verschließen Sie Gartentore, die zur Straße hin führen, und vergewissern Sie sich, daß Gartenzäune sicher sind.

**WARNEN** Sie Ihre Kinder vor dem Genuß von Beeren oder Blättern

**PFLANZEN**

Viele Pflanzen sind in großen Mengen verzehrt giftig. Kleinere Stücke bzw. ein, zwei Beeren sind zwar nicht tödlich, können jedoch auch schon Unwohlsein und Magenbeschwerden hervorrufen.

- Erklären Sie Ihrem Kind, wie gefährlich der Genuß wilder Beeren ist, und halten Sie Babys und Kleinkinder davon fern.
- Entfernen Sie giftige Pflanzen wie Tollkirschen, Goldregen und Giftpilze.
- Schneiden Sie stachelige und dornige Pflanzen wie Rosen, Brombeeren und Stechpalmen zurück.

**LASSEN** Sie Kleinkinder nie unbeobachtet. Sorgen Sie dafür, daß sie in einem sauberen und gefahrlosen Bereich mit sicheren Spielsachen spielen

**SCHUPPEN**

- Stehen Gartengeräte und anderes Werkzeug im Schuppen, verbieten Sie Ihrem Kind den Aufenthalt darin, und schließen Sie ihn ab.
- Schließen Sie chemische Substanzen wie Unkrautvernichtungsmittel sicher weg.

**TEICHE, PLANSCHBECKEN UND REGENTONNEN**

Fallen Kinder ins Wasser – und ist dies noch so flach –, stellt dies immer eine Gefahr dar.

- Lassen Sie Kinder nie unbeaufsichtigt im oder in der Nähe von Wasser spielen.
- Decken Sie Teiche und Regentonnen ab.
- Leeren Sie Planschbecken immer, wenn darin nicht gespielt wird.

**GARTENARBEIT**

- Stellen Sie Chemikalien beiseite, wenn Kinder im Garten spielen.
- Mähen Sie den Rasen nicht, wenn Kinder in der Nähe sind, da ihnen dabei unter anderem hochgewirbelte Steinchen ins Auge fliegen können.
- Bringen Sie an allen elektrischen Geräten wie Rasenmäher und Heckentrimmer Stromunterbrecher an.
- Räumen Sie Gartengeräte weg, wenn Sie sie nicht mehr brauchen.

# UNTERWEGS

Nach den Haushaltsunfällen passieren die meisten Unfälle mit Kindern auf der Straße. Bringen Sie Ihrem Kind so früh wie möglich die Verkehrsregeln bei. Schärfen Sie ihm ein, daß es immer wachsam auf den Verkehr achten muß und die Straße nur an sicherer Stelle überqueren darf.

### ZU FUSS UNTERWEGS

- Dreijährige können verstehen, daß der Bürgersteig sicher, die Straße gefährlich ist.
- Fünfjährige können lernen, wie man die Straße überquert, ohne dieses Wissen jedoch allein umsetzen zu können.
- Achtjährige können weniger belebte Straßen schon allein überqueren, Geschwindigkeit und Entfernung von Autos jedoch noch nicht einschätzen.
- Zwölfjährige können die Geschwindigkeit eines näher kommenden Autos einschätzen, lassen sich aber leicht noch ablenken.



### AUF DER STRASSE

Führen Sie Ihrem Kind stets ein verkehrssicheres Verhalten vor.

- Legen Sie Kleinkindern Haltegurte an.
- Halten Sie das Kind bei der Hand, wenn Sie sich in Straßennähe aufhalten oder darauf warten, die Straße zu überqueren.
- Suchen Sie immer einen sicheren Platz, um die Straße zu überqueren. Sein kann dies:

▲ *Ein Zebrastreifen – warten Sie auf der Verkehrsinsel in der Mitte, falls vorhanden.*
▲ *Eine Ampel – lassen Sie Ihr Kind den Knopf drücken, und ermahnen Sie es, erst loszugehen, wenn das Männchen grün wird und die Autos anhalten.*
▲ *Eine Unterführung.*
▲ *Eine Fußgängerbrücke.*
▲ *Eine große Lücke zwischen zwei parkenden Autos, von wo aus das Kind beide Richtungen weit einsehen kann.*

## DIE STRASSE ÜBERQUEREN

Bringen Sie Ihrem Kind die Verkehrsregeln bei.

▲ *Suche einen sicheren Übergang und bleibe dort stehen.*
▲ *Bleib auf dem Bürgersteig, nahe am Bordstein stehen.*
▲ *Schau erst links, dann rechts und horch auch, ob ein Auto kommt.*
▲ *Kommen Autos, dann lasse sie vorbeifahren.*
▲ *Siehst du kein Auto kommen, gehe gerade über die Straße.*
▲ *Achte – mit Augen und Ohren – auch beim Überqueren auf Autos.*

### FAHRRÄDER

- Kinder unter elf sollten nicht auf belebten Straßen fahren.
- Bevor ein Kind im Verkehr fährt, sollte es Verkehrsunterricht erhalten.
- Achten Sie darauf, daß Ihr Kind auf dem Rad gut sichtbar ist – mit hellen fluoreszierenden Farben tagsüber und Reflektoren auf Kleidung und Rad im Dunkeln. Kaufen Sie nur TÜV-geprüfte Sturzhelme mit Sicherheitssiegel.

**NUR** mit Sturzhelm auf dem Rad

**AUF** die Verkehrssicherheit des Fahrrads achten

**SPIELEN**
Erklären Sie Ihrem Kind,
- wie gefährlich das Spielen auf der Straße, auf Baustellen oder in Steinbrüchen ist.
- daß es nicht auf der Straße oder dem Bürgersteig in Bordsteinnähe spielen darf.
- daß es nie einem Ball, Tier oder anderen Kind auf die Straße nachjagen darf.
- daß es die Straße nie zwischen zwei dicht hintereinander parkenden Autos überqueren darf.

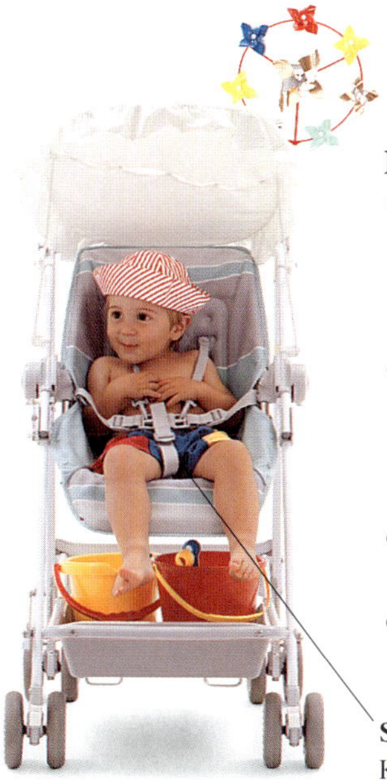

**SCHNALLEN** Sie Ihr Kind im Kinderwagen an

**KINDERWAGEN UND BUGGYS**
- Ziehen Sie einen Kinderwagen oder Buggy vor dem Überqueren der Straße erst zur Seite, schieben Sie ihn nicht vor sich auf die Straße.
- Arretieren Sie beim Abstellen die Bremse, und lassen Sie den Wagen nicht in Fahrtrichtung auf der Straße stehen.
- Binden Sie niemals Ihren Hund am Kinderwagen fest.
- Lassen Sie ein Kind nie unbeaufsichtigt im Kinderwagen.

# Auf dem Spielplatz

Spielplätze sollten den Sicherheitsstandards und -empfehlungen entsprechen.
- Der Spielbereich muß fern von Straßen und sicher abgezäunt sein.
- Der Boden sollte weich und eben sein, im Bereich der Spielgeräte bieten sich zum Beispiel Rindenmulch oder Gummiplatten an.
- Rutschen sollten nicht höher als 2,4 m sein und vorzugsweise auf Erdhügeln errichtet werden, die Stürze abfangen.
- Karussells sollten niedrig sein und einen glatten bzw. ebenen Boden haben, damit Kinderfüße sich nicht darin verfangen können.
- Klettergerüste sollten nicht höher als 2,4 m, absolut stabil und auf Sand oder einem sehr weichen Grund errichtet sein, so daß Stürze abgefangen werden.
- Ein Extrabereich für Kleinkinder und jüngere Kinder sollte, getrennt von den ausgelasseneren Spielen der Älteren, kenntlich gemacht werden.
- Eine Kontaktperson, die im Fall von Mängeln an den Spielgeräten anzusprechen ist, sollte bekannt sein.
- Hunden muß der Zugang verboten sein.

**SCHAUKELN** sollten nicht im Hauptspielbereich bzw. extra abgegrenzt aufgestellt sein, um zu verhindern, daß Kinder davor oder dahinter herlaufen können

**LASSEN** Sie Ihr Kind nur in der richtigen Schutzkleidung spielen

**BRINGEN** Sie Ihrem Kind den richtigen Gebrauch seiner Ausrüstung bei

**FREMDE** *Erklären Sie Ihrem Kind, daß und warum es sich nicht von Fremden ansprechen lassen soll. Machen Sie mit Freunden ein Codewort aus, das sie dem Kind gegenüber gebrauchen können, und ermahnen Sie es, nie mit Fremden mitzugehen – es sei denn, sie verwenden dieses Codewort.*

# SICHERHEIT IN GARAGE UND AUTO

## GARAGE

- Halten Sie die Garage verschlossen, und untersagen Sie Ihren Kindern den Zutritt.
- Bewahren Sie Werkzeug, Chemikalien oder sonstige Gerätschaften für Kinder unzugänglich auf.
- Prüfen Sie, wo sich Ihr Kind aufhält, bevor Sie in oder aus der Garage fahren.

## AUTO

- Lassen Sie kleine Kinder nie unbeaufsichtigt im Auto.
- Lassen Sie Ihr Kind nicht am Fenster herumspielen. Elektrisch schließende Fenster könnten Kopf oder Finger einklemmen.
- Nehmen Sie den Zigarettenanzünder heraus.
- Achten Sie beim Türeschließen auf Finger und Füße Ihres Kindes.
- Betätigen Sie bei Kindern unter sechs die Kindersicherung.
- Lassen Sie Ihr Kind nur auf der Bürgersteigseite aussteigen.
- Ziehen Sie stets den Zündschlüssel ab.

**EXTRA-KINDERSITZE** gewährleisten maximalen Schutz

## KINDERSITZE

Kinder gehören im Auto in einen Kindersitz. Wählen Sie einen altersgerechten Autositz für Ihr Kind.

- **Babys** bis zu 10 kg – ca. neun Monate – sollten in einer sogenannten Reboard-Schale, in der das Kind entgegen der Fahrtrichtung sitzt, befördert werden. Die Schale gewährleistet einen guten Schutz gegen Kopf- und Halsverletzungen. Da die Schale auf dem Beifahrersitz montierbar ist, kann das Kind Sie während der Fahrt sehen.
- Halten Sie ein Kind während der Fahrt nie auf Ihrem Schoß, und sichern Sie es nie mit Ihrem eigenen Gurt ab: Bei einem Unfall würde es zerquetscht werden.
- **Ältere Babys und Kleinkinder** von 9 bis zu 18 kg – bis ca. fünf Jahre – brauchen einen Sitz mit Hosenträgergurt, der auf den Rücksitzen mit den Sicherheitsgurten angebracht wird. Am sichersten sind die Systeme, bei denen ein weiterer Gurt zwischen den Beinen beim Aufprall ein Herausrutschen in Liegestellung verhindert.
- **Kinder von 20 bis 36 kg –** ca. vier bis zehn Jahre – brauchen eine Sitzerhöhung mit Dreipunktgurt. Ohne einen solchen Sitz wäre der für Erwachsene konzipierte Sicherheitsgurt weder bequem noch sicher. Der Schultergurt schneidet am Hals des Kindes ein, der Beckengurt liegt quer über dem Magen. Beim Aufprall könnte der Beckengurt die Leber oder Milz verletzen. Die Sitzerhöhung bringt das Kind so hoch, daß der Schultergurt korrekt quer über der Brust und der Beckengurt über den Hüften liegt. Ein Beckengurt allein, ein sogenannter Zwei-Punkt-Gurt, ist nicht sicher genug, da er den Oberkörper des Kindes nicht zurückhält.

# Register

## A



## B



## C



## D



## E



## F



## G

## T



## U



## V



## W



## Z